看圖
自學

初めの一歩は絵で学ぶ 解剖生理学
からだの構造と働きがひと目でわかる

解剖
生理學

從身體結構看功能與機制

醫學博士 **林洋**／監修

臺北醫學大學解剖學暨
細胞生物學科教授
馮琮涵／審訂

陳朕疆／譯

監修者的話

　　生物醫學系所等學生，最先遇到的專業科目之一是解剖學與生理學。這兩個科目都是在學習身體的「結構與功能」。所謂的醫療，就是將生病或受傷的人體恢復到原本的健康狀態。因此，要是不了解「健康」的人體，或者說正常狀態下的人體是什麼樣子，絕不可能讓身體恢復原狀。對生物醫學系所的學生來說，知道正常狀態下的身體是什麼樣子，是必須、也是最重要的事。

　　解剖學是分析身體結構的學問，而生理學則是分析身體功能的學問。當然，兩者間有很緊密的關係，不過一般而言，由於兩門學問各有各的專家，通常會使用不同的教科書分開授課。在這個時代，學問每天都在進步，分成不同科目教學是很理所當然的。然而對於首次接觸解剖學和生理學的學生來說，整合這些學問卻不是件容易的事，必須先分別理解身體的結構與功能，然後在腦中整合成一套完整的學問。這種學習方法對學生來說，一開始會很痛苦，還有可能會跟不上進度。

　　而且，人體的「結構與功能」是相當複雜的學問，要是其中一種結構或功能無法正常運作，患者就會感到十分痛苦。因此，學生不能忽略任何一項學習，必須弄清楚解剖學課程與生理學課程中的每個細節。當然，如果可以做到這種程度是最好，但對初次接觸生物醫學領域學問的學生來說，即使當時學到了每個細微的結構與功能，在看到整個人體時，常會見樹不見林，看不出是哪個部分出了問題，對完整人體的了解感到混亂。就像是在森林中迷路一樣，不知道自己為什麼會迷失方向。

　　在畢業之前，解剖學是解剖學，生理學是生理學，學生理應

熟讀並理解這些知識；而在畢業之後，從事醫療行業的人則應能融會貫通這兩門學問，明白體內各種器官的「結構與功能」。對於剛開始學習解剖學與生理學的學生來說，要是沒辦法在一開始學習時就整合這兩門學問，很可能會就此對生物醫學領域失去興趣，這將會是相當可惜的事。

這本書企畫的契機，就是希望生物醫學領域的初學者不會出現這種情況。書中有許多插圖，讓讀者不需閱讀艱澀的文章，便能直覺地理解身體各種結構與功能。讓讀者們覺得有趣，是本書最重要的目標。另一個目標，則是將解剖學與生理學合而為一，一併講解，因為這樣才是最自然的學習方法。另外，我們也盡可能減少內容分量，希望讀者能夠同時理解人體各種結構與功能。就像是從太空船俯瞰地球一樣，能夠一覽人體完整的模樣。

當然，只靠這本書學習解剖學與生理學是不夠的，讀者們若想精通這些學問，仍需熟讀各門課程所指定的教科書。然而，如果是看到厚重的教科書就快速喪失戰意，或者是覺得教科書愈看愈提不起勁，建議一定要先來讀這本書，一定可以幫助你的大腦恢復活力。

林　洋

目錄 CONTENTS

Introduction
歡迎來到解剖生理學教室

　　林田老師在上課時，會用他擅長的圖解進行教學，因而廣受學生好評。某些成績不太好⋯不，應該說學習慾旺盛的新生們聽到了這個消息之後，紛紛前來拜訪林田老師的研究室。

　　你們好，兩位先自我介紹吧。

　　好的，我是長谷川愛。今年春天入學本校，就讀護理學科。我覺得必修的生理學課程有些困難⋯⋯。

　　我是照護福祉學科的柳瀨隆。我沒想到解剖學的課程中要用到那麼多教科書（堆在桌上高達 20 cm 的書堆）。我們真的有辦法在一年之內記住那麼多內容嗎？

> **林田老師資料**
> 城北醫學大學附屬醫院 內科醫師（57 歲）
> 過去曾擔任某大學的解剖學課程老師。
> 現在在同所大學附設醫院擔任醫師，工作之餘會試著教導年輕人基礎醫學的有趣之處。

嗯。我瞭解兩位在學習解剖學與生理學時有多困擾了。

那麼，今天就讓我們來學習「解剖生理學」吧。

解剖生理學？

就是解剖學和生理學，同時學習這兩科，會有 1 + 1 大於 3 的效果。

（你看我我看你）這是什麼意思呢……？

別那麼嚴肅嘛。今天學到的知識可以做為日後正式在課堂上學習的基礎，未來你們學習時的吸收能力一定會大有不同喔。

解剖生理學是什麼樣的學問？

解剖學是研究人體結構的學問，生理學則是研究人體如何運作的學問，這兩門學問原本是不同的學問，所以在醫學領域的專業教育中，通常也會將解剖學與生理學分成兩個學科來上課。

雖說如此，解剖學與生理學的關係卻相當密切、難以分離。如果從事的是與人體健康或疾病相關的職業，解剖學與生理學皆為必備知識，少了其中一個便無法完成工作。

讓我們試著用汽車來比喻人體吧。假設某個駕駛平常開車時都很順利，但某一天突然聽到車子前方傳來異常聲音。這時候，是否瞭解汽車的結構與功能，便會大大影響後續發展。要是駕駛完全不瞭解位於汽車前方的引擎結構，也不曉得引擎如何運作，可能會覺得「咦？聲音好像怪怪的」而先熄火，但也可能會毫不在意聲音而發動汽車，卻使整台車燒起來，嚴重的話，甚至可能演變成波及其他汽車的大型事故。不過，如果對汽車的結構與功能有某種程度的瞭解，便會想要「先自己檢查看看」，最後可能只需花費一些修理費用，就能讓汽車和自己都平安無事。

若能多瞭解人們每天「駕駛」的身體，在身體故障（生病）時，便能迅速察覺、理解狀況、進行修理（治療），還能預防身體出現故障（生病）。

學習解剖學和生理學可以改變什麼

　　當患者覺得「腰很痛」「呼吸困難」，如果有解剖學或生理學知識，就應該會知道「腰痛≠急性腰痛」「呼吸困難≠鼻塞」才對。

　　腰會痛並不代表就一定是急性腰痛。若患者知道腎臟、輸尿管、胰臟等器官都位於「腰部」，便會推測自己之所以會腰痛，也可能是因為這些器官出了問題。

　　而當患者出現呼吸困難的症狀，如果知道呼吸道的結構，應可推測自己可能是呼吸道的哪個部分變狹窄了。但光是這樣並不夠，因為身體的呼吸功能與循環系統、血液功能密切相關。若病患知道這點，便可進一步分析自己可能不是呼吸道出問題，而是心臟出了什麼狀況。這代表患者可以早一步察覺到狀態緊急，做出適當處理，保住自己的性命。

在醫學與護理的領域中，從業人員與學生們必須學習各種疾病的原因、症狀、治療、復健。而這些課程都奠基於解剖學與生理學的基礎上。若要確實瞭解實習時接觸的患者、被照護者的身體狀況，就必須有一定的解剖學與生理學基礎。要是不知道身體「正常」狀態下的結構與功能，就算把疾病的名稱、症狀全都硬背下來，也沒辦法應用在處理病患問題上。

你們未來要從事的是與人類健康、生命有關的工作。

你們現在就站在起跑點上。

首先應該要做的，就是掌握解剖學與生理學的全貌，讓自己不會在未來鑽研相關學問時失去興趣。

那麼，就讓我們開始上課吧！

第 1 章

人體的結構

　　想要瞭解人體，應該要先從哪裡開始呢？首先請瞭解「人類是多細胞生物」。我們每個人的身體都是由各種不同大小、不同功能的細胞聚集而成。在這些細胞的分工合作、彼此協調之下，才得以維持身體機能。

　　正式學習解剖生理學之前，先讓我們來看看人體的各組成部位，每種部位又有什麼樣的功能。

1-01 人體的結構

依照結構與功能，將器官、組織分類

人體內的組織大致可以分成四種。所謂的組織，指的是可以發揮某些功能的細胞群。這些組織結合之後可以形成各種器官或內臟。這四種組織分別是**上皮組織、神經組織、結締組織、肌肉組織**。

上皮組織包括遍布全身表面的皮膚、遍布消化道內側的黏膜等，可以將身體內部與外界隔離。黏膜會分泌黏液、消化腺會分泌消化液，而能夠分泌激素的內分泌「腺體」也是上皮組織的一種。

神經組織由神經元（神經細胞）以及支持神經元的細胞所組成。腦、脊髓、脊神經內便含有大量神經組織。

結締組織是支撐身體、內臟、其他器官的組織，可以分為硬骨、軟骨、其他結締組織等。結締組織可以連結不同組織，並保持一定彈性。舉例來說，皮膚的真皮就含有膠原蛋白與彈性蛋白，血管壁含有富彈性的纖維，肺泡周圍也有可使肺泡維持球狀的纖維，這些都屬於結締組織。

肌肉組織包括我們可以任意運動的骨骼肌；位於消化道管壁、血管壁，無法憑自己的意識運動的平滑肌；以及位於心臟外壁的心肌。

解剖學與生理學，將人體內的各種器官、組織，依不同功能分成各個系統，再分別學習。舉例來說，吃下食物後進行消化、吸收食物的營養素、排出食物殘渣，負責一連串功能的是消化系統；吸進氣體、呼出氣體，使氧氣能夠送人進體各個器官則屬於呼吸系統。原則上，本書一章會以一個系統為主題。

事實上，一些器官可能會同時屬於兩種系統喔。

咦！為什麼呢？

舉例來說，胰臟可以分泌消化液，消化營養素，故屬於消化系統；但胰臟也可以分泌調節血糖的激素，故亦屬於內分泌系統。

人體的系統

人體器官可依功能分類

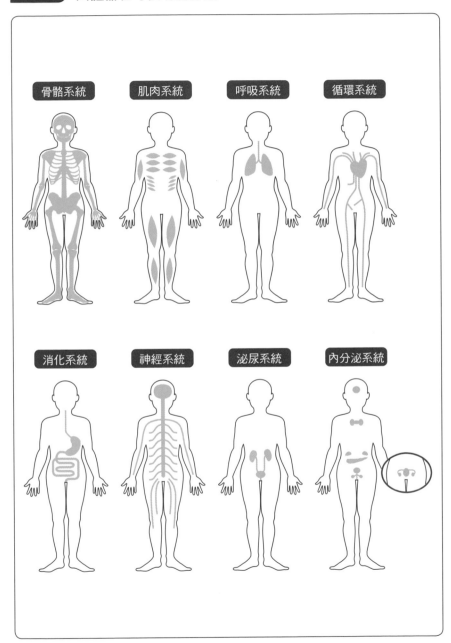

1 人體的結構

2 細胞

3 運動系統

4 呼吸系統

5 循環系統

6 消化系統與營養

骨骼系統　肌肉系統　呼吸系統　循環系統

消化系統　神經系統　泌尿系統　內分泌系統

7

1-02 什麼是恆定性

人體隨時調節狀態，面對外界環境變化

生物都具有使內部環境保持恆定狀態的傾向，又稱做**恆定性**。

舉例來說，人的體溫時常保持在37℃。這是因為人體的酵素在這個溫度下的工作效率最高。酵素是一種與消化、吸收息息相關的重要化學物質（本書之後也會時常提到酵素）。為了維持體溫，天氣炎熱時，我們會藉由排汗、臉發紅等方式降溫；天氣寒冷時則會藉由雞皮疙瘩、顫抖等方式升溫。我們並不是在思考之後才出現這些反應，而是身體自動的反應。

恆定性的機制包括：能夠掌握體外環境與體內狀態的機制；能夠分析這些訊息，下達指令，調節體內狀況的機制；能夠接受這些指令，調節體內狀況的機制。三種機制合作，才使人體得以維持恆定。

掌握外界環境與內部狀況的器官稱作**受器**。皮膚上有可以感覺到溫度、疼痛的受器；內部有可以監控血壓變化、血糖變化、血液中氧氣濃度變化的受器等。

中樞神經系統在收到各種受器的訊息後，進而判斷身體目前的狀態，應該要如何進行調節。身體的恆定性主要由大腦下視丘（p.128）控制，下視丘所發出的指令，主要藉由自律神經與內分泌系統影響全身。

接受中樞神經系統的指令，實際進行調節的器官稱作**動器**。舉例來說，天氣炎熱時，身體會幫助降溫而排汗，皮膚上的汗腺就是動器。血壓過高時，身體會幫助降低血壓，將血液中的鈉與水抽離，減少循環系統內的血液量，再由動器腎臟排出這些鈉與水分。

動器完成工作後，並不代表這一連串的機制就此停止。中樞神經系統會再藉由受器掌握調整後的內部狀況，重新檢討前一個指令，然後再對動器發出新指令。為維持人體恆定性，身體必須能夠應付隨時改變的外部環境與內部狀況，不斷進行調節工作。

恆定性

全年無休的人體調節機制

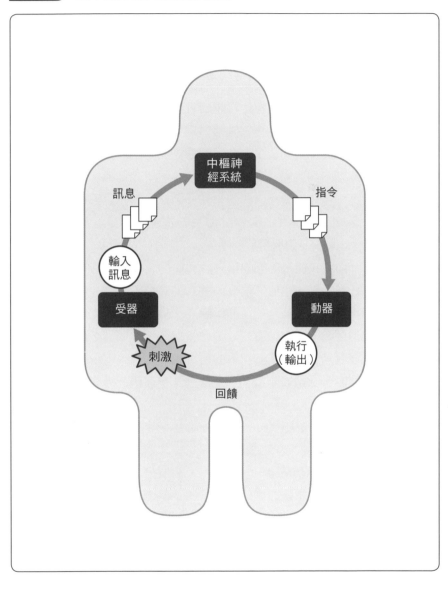

1 人體的結構

2 細胞

3 運動系統

4 呼吸系統

5 循環系統

6 消化系統與營養

 恆定性（homeostasis）是由代表「相同」的homeo與代表「恆常狀態」的stasis組合而成的字。

小細胞，大可能

　　人類是多細胞生物。多細胞生物體的每種細胞皆有不一樣的結構、不一樣的功能。或者說，每種細胞都負責不同的工作。雖然單一細胞並沒有一個生物的完整功能，但在各種細胞的分工合作之下，所有細胞一起便可成為一個生物。在多細胞生物中，不同細胞、不同組織、不同器官、不同系統皆有相當大的差異。因此，若想要瞭解做為多細胞生物的人類身體結構，就必須知道每一種細胞（以至於每一種系統）的結構，也就是必須學習解剖學。

　　另一方面，即使人體每個細胞都有該負責的工作，但若是這些細胞（系統）都任意行動，也無法形成一個功能完整的個體。各細胞需要能夠彼此協調，做出最適合個體的反應（也就是維持恆定性），才能夠維持個體的生命。為此，系統之間必須能夠彼此協調工作，同一個系統內的各個器官、同一個器官內的各種組織、同一個組織內的各種細胞，在工作時也必須彼此協調。生理學就是在研究這些細胞的協調機制。

　　多細胞生物由多個細胞構成，但多細胞生物在誕生時也僅是由一個細胞構成的受精卵，經過多次細胞分裂之後才形成一個個體。也就是說，身體的所有細胞都來自同一個細胞。只要分化成某種有特定功能的細胞，便沒辦法再轉變成其他細胞，也不再擁有其他功能了，但經過某種特殊操作後，便有可能將人體任何細胞回歸到受精卵的階段（任何細胞都能藉此重新獲得分化的能力）。日本科學家山中伸彌教授便是以發現這種機制而獲得諾貝爾生理醫學獎。

第2章

細　胞

　　人體內約有60兆個細胞，這些細胞組成各種器官與內臟，而所有細胞都可追溯至唯一的受精卵。大部分細胞都小得肉眼看不到，然而每一個細胞其實都有著一定的獨立性。試著觀察細胞內部結構，可以看到一個細胞就像是一個生物體一樣，有著各種必要的器官。

　　本章就讓我們一起來看看細胞的內部結構與細胞複製的機制。

1 細胞的種類

細胞分化後，可以形成各種器官與組織

　　人體具有約200種、60兆個細胞，這些細胞都是由同一個**受精卵**，經過多次細胞分裂後，分化成具有各種功能的細胞，進而形成全身的器官與組織。

　　人體各部位的細胞具有不同的功能。即使每個細胞內都具有相同的遺傳訊息，不同細胞使用這些訊息的方式卻各有不同。就好像智慧型手機中有「郵件」「通訊錄」「遊戲」「相機」等各種應用程式，而使用者則會在不同狀況下，因不同目的而使用不同的應用程式。也就是說，細胞可藉由改變內部運作方式，分化成具有各種不同功能的細胞。

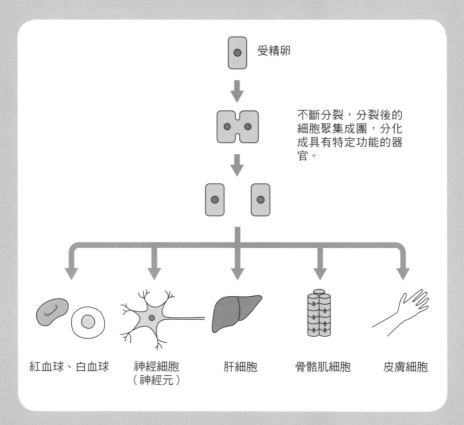

受精卵

不斷分裂，分裂後的細胞聚集成團，分化成具有特定功能的器官。

| 紅血球、白血球 | 神經細胞（神經元） | 肝細胞 | 骨骼肌細胞 | 皮膚細胞 |

1 人體的結構

2 細胞

3 運動系統

4 呼吸系統

5 循環系統

6 消化系統與營養

2 細胞基本結構

人體細胞的胞器

下圖為人體細胞的基本結構。細胞內有一個**細胞核**，核內有承載著遺傳訊息的DNA。**細胞質**位於細胞核的周圍，**細胞膜**則包住整個細胞。細胞質包含溶有蛋白質、醣類、電解質，呈果凍狀的細胞基質（cytoplasmic matrix），其中漂浮**粒線體、溶酶體、內質網、高基氏體**等胞器。這些胞器的功能將在下一頁說明。

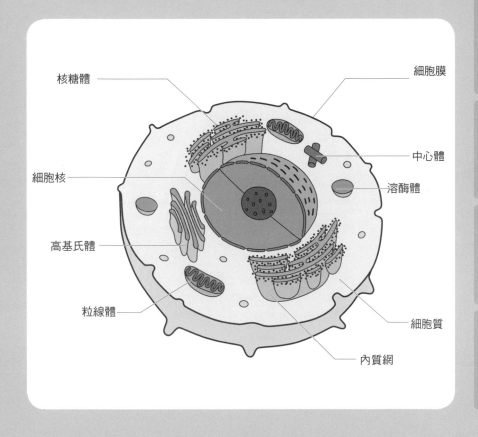

核糖體

細胞核

高基氏體

粒線體

細胞膜

中心體

溶酶體

細胞質

內質網

2-01 細胞核與胞器的功能

細胞內除了儲存遺傳訊息，還是化學工廠與配送中心

細胞核是DNA的儲藏庫。DNA的中文全名是去氧核糖核酸，DNA分子包括腺嘌呤、胸腺嘧啶、鳥糞嘌呤、胞嘧啶等四種鹼基（File 03上圖）。這些鹼基的排列方式構成遺傳訊息的密碼，也就是所謂的**基因**。細胞分裂時，細長的DNA會捲成棒狀，這就是我們所說的**染色體**。我們可以把DNA比喻成寫有遺傳訊息的紙，基因就是紙上所寫的遺傳訊息，而染色體則是將寫有遺傳訊息的紙統整後得到的書籍。

除了細胞核，細胞質內還有許多漂浮的單元，稱做胞器。代表性的胞器包括粒線體、核糖體、內質網、高基氏體等。

粒線體是製造能量的發電機。除了可以燃燒醣類，粒線體內也有燃燒脂質、蛋白質的作用酶，以及可以提升氧氣使用效率的檸檬酸循環機制。燃燒營養素之後，可以產生名為ATP（File 09）的能量物質。需要龐大能量的骨骼肌與心肌細胞就含有許多粒線體。

核糖體是合成蛋白質的單元。核內DNA在轉錄後可得到RNA，核糖體能以RNA為設計圖，將胺基酸一個個連接起來，合成蛋白質。內質網分成粗糙內質網（上面附有核糖體）以及平滑內質網（上面沒有核糖體）。內質網是合成蛋白質、脂質，並儲藏這些分子的倉庫。而高基氏體則可將這個倉庫內的蛋白質往外運送，或者將維生素等物質包裹起來，運送至全身，可說是配送中心。

除此之外，細胞內還有做為廢物處理中心的溶酶體，以及細胞分裂時引導染色體移動的中心體等胞器。

細胞的胞器與功能

一窺細胞內部的構造

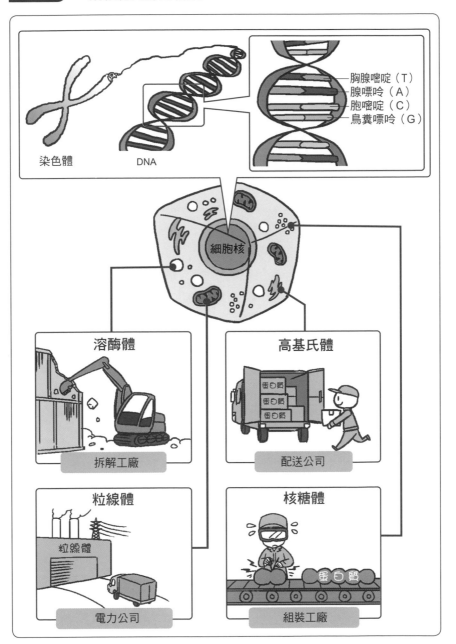

胸腺嘧啶（T）
腺嘌呤（A）
胞嘧啶（C）
鳥糞嘌呤（G）

染色體　　　　DNA

細胞核

溶酶體

拆解工廠

高基氏體

配送公司

粒線體

粒線體

電力公司

核糖體

蛋白質

組裝工廠

1 人體的結構

2 細胞

3 運動系統

4 呼吸系統

5 循環系統

6 消化系統與營養

2-02 細胞的複製

體細胞分裂與減數分裂

　　人類的受精卵會藉由多次細胞分裂，增加細胞數目，逐漸形成人形。長成大人之後，仍有各式各樣細胞會持續分裂增殖，以補充死亡的細胞，如皮膚與骨骼肌細胞、消化道與肝臟細胞、血液中的血球等。這些細胞的分裂稱做**體細胞分裂**。直到人類死亡之前，會藉由持續不斷的體細胞分裂來維持人體的運作。體細胞分裂時，會完整複製細胞核的DNA，最後形成完全相同的兩個細胞。相較於此，製造卵子與精子時也會進行細胞分裂，不過精卵分裂後，細胞的DNA數量只有一般體細胞的一半，故稱做**減數分裂**。

　　減數分裂後的細胞，染色體數會變為原本的一半（23條）※。進行減數分裂時，細胞核內的DNA會先複製成兩倍，接著核膜消失，到這裡和一般的體細胞分裂是一樣的。不過在減數分裂中，細胞會分裂兩次而不是一次，每一個子細胞內雖仍含有23種染色體，但每種染色體皆只有一條。也就是說，一個細胞經過減數分裂，可分裂成四個卵子或四個精子。

　　減數分裂有個重點，那就是在一開始分裂時，一部分的染色體會互相交叉，交換彼此的基因。基因交換是隨機發生，因此一個人的細胞行減數分裂所得到的卵子或精子，不會擁有完全相同的基因。這就是為什麼兄弟姊妹的外貌有所差異。

※人類染色體共有23對，其中23條來自父親，23條來自母親，一共46條。可分成22 ×
　2條體染色體與2條性染色體。

 我們身體的細胞一直在汰舊換新，但從外表上幾乎看不出來耶。

 是啊。生命體會持續進行合成與分解的工作，這種現象是一種動態平衡。

細胞的複製

體細胞分裂與減數分裂

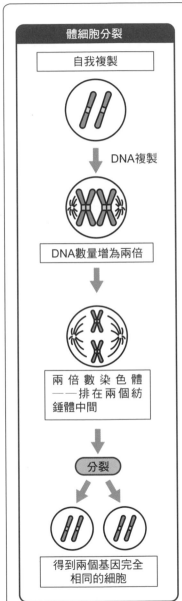

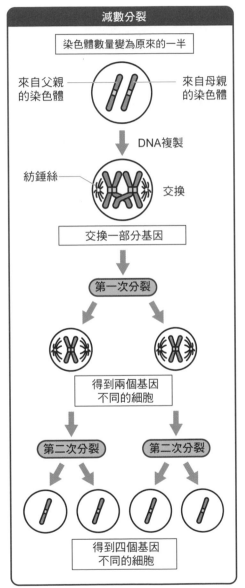

1 人體的結構

2 細胞

3 運動系統

4 呼吸系統

5 循環系統

6 消化系統與營養

2-03 細胞膜的物質運輸

物質進出細胞內外的方式

細胞就像是獨立的生命體，需要氧氣與營養素，並排出不需要的二氧化碳與老舊廢物。因此，細胞膜時常將細胞內外的物質運輸至另一側。

細胞膜由名為磷脂質的物質組成，磷脂質分子包含一個圓形頭部與兩條碳氫長鏈，圓形頭部是磷脂質，而兩條碳氫長鏈則是尾部。磷脂質頭部與水的親和力高（親水性），尾部與水的親和力低（疏水性）。細胞膜上的磷脂質分為上下兩層，同一層的磷脂質分子間，頭部與頭部相鄰、尾部與尾部相鄰，併排在一起，上下兩層磷脂質則以分子尾端相對，形成雙層結構（File 05）。

細胞膜可將細胞內外的物質運送到另一側。氧氣與二氧化碳等物質可以直接穿過細胞膜，這些物質是靠**簡單擴散**進出細胞膜。這是在細胞內外的物質濃度（濃度梯度）不同時，會自動出現的現象。

另一方面，分子較大的物質沒辦法直接通過細胞膜，而會利用膜上的特殊裝置運送到另一側，這些裝置稱做載體蛋白，由蛋白質組成，依照運送物質的方式，可分成通道蛋白與幫浦蛋白。

載體蛋白運送物質的方式，可分成**被動運輸**與**主動運輸**。被動運輸指的是物質因其物理或化學性質、正負電荷等性質，自行通過載體蛋白，移動到膜的另一側。當物質移動到載體蛋白附近，會被吸進載體蛋白，然後被送到膜的另一側；或者使載體蛋白變形，藉此被送至膜的另一側，一部分離子或葡萄糖會藉由被動運輸的方式通過細胞膜。

主動運輸指的則是抵抗濃度梯度或化學梯度的方式，需要能量來驅動。鈉鉀幫浦是主動運輸的代表性例子。細胞內的鉀離子濃度較高，細胞外則是鈉離子濃度較高，鈉離子與鉀離子能在細胞內外保持濃度差，就是因為鈉鉀幫浦持續在進行主動運輸。此外，細胞還有各種幫浦蛋白。

細胞膜的結構與物質運輸

被動運輸與主動運輸

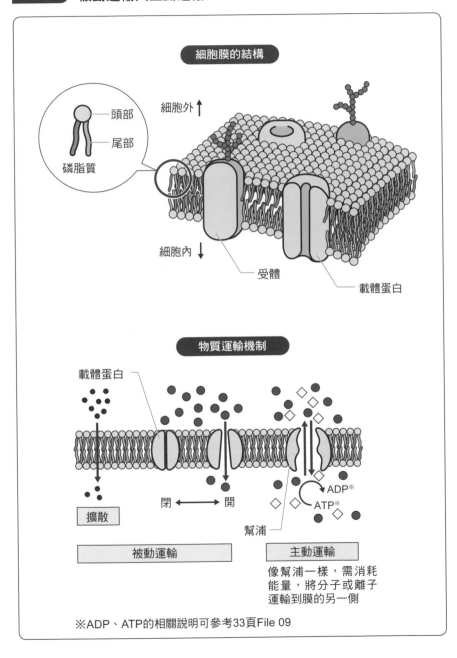

細胞膜的結構

頭部
尾部

磷脂質

細胞外↑

細胞內↓

受體

載體蛋白

物質運輸機制

載體蛋白

閉 ←→ 開

ADP※
ATP※

擴散

幫浦

被動運輸

主動運輸

像幫浦一樣，需消耗
能量，將分子或離子
運輸到膜的另一側

※ADP、ATP的相關說明可參考33頁File 09

Column

酶與基因的關係

　　從人體內取出一部分組織，再從中取出一個細胞，只要給這個細胞適當的營養素，便可維持其生存，某些種類的細胞在適當的環境下甚至會開始分裂。細胞會吸取周圍的養分，利用這些養分產生能量，以維持細胞的結構與新陳代謝。為了維持細胞產生能量的能力與細胞的結構，細胞內的物質需要持續更換，而酶就是能夠幫助細胞改變（代謝）這些物質的蛋白質。酶存在於各種胞器內，負責執行該胞器內必要的代謝作用。細胞內有非常多種酶，然而只要有一種酶出現異常，就可能會導致疾病發生。酶是一種蛋白質，當這類蛋白質的基因出現異常，使個體自出生起便缺乏某些特定酶，或者使酶無法正常作用，就會導致先天性代謝異常疾病，患者的有害物質會逐漸蓄積在體內，使身體出現異常。基因可決定酶的結構與產量，故每個人的各種酶含量都有著程度不一的差異。舉例來說，相較於歐美人，日本人的酒量比較差，這就是因為肝臟內有一種負責代謝酒精的酶，而日本人的基因會使這種酶的分泌量比歐美人少。

　　染色體中的基因或DNA有一半來自父親，一半來自母親，父母雙方平均遺傳給子女。胞器中的粒線體也含有DNA，不過精子所攜帶的父系粒線體DNA並不會進到受精卵內，故受精卵粒線體內的DNA完全來自母系。由粒線體DNA往回追溯，可以知道目前全世界人類都是一位百萬年前出生於非洲女性的子孫，這名女性被命名為夏娃。

運動系統

我們每天的生活中都會進行各種運動，像是走路、蹲下、呼吸等等，這些運動都需藉由肌肉的收縮而產生力量。本章就讓我們來看看運動所需的肌肉、骨骼、關節的結構，以及運作機制。

1 肌肉結構

骨骼肌的結構與種類

全身可以隨意運動的肌肉組織都屬於**骨骼肌**。**紡錘肌**是骨骼肌的一種基本型態，紡錘肌的中間膨大，兩端則以較細的**肌腱**（附著在骨骼上的結締組織）與骨骼連接。中間膨大的部分稱做**肌腹**，兩端中較靠近身體的部分稱做**肌頭**、遠離身體的部分則稱做**肌尾**。基本上，骨骼肌會橫跨一個關節，並以肌鍵連接在兩塊骨骼上。原則上我們會以肌頭做為肌肉的起端，以肌尾做為肌肉的止端。

除了紡錘肌，身體各處還有多種不同的骨骼肌，像是有多個肌頭的**多頭肌**（如肱二頭肌）、如鳥類羽毛般展開的**羽狀肌**（如股直肌）、中間被多個肌腱分隔成多個肌腹的**多腹肌**（如腹直肌）等。

骨骼肌多以肌肉的形狀、肌肉所處的位置、肌肉纖維方向等性質進行命名。背誦肌肉名稱時，這些資料應可幫助記憶。

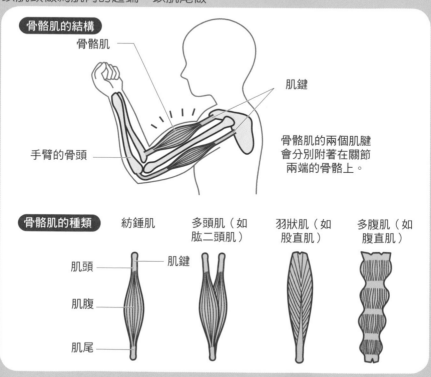

骨骼肌的結構

骨骼肌

肌鍵

手臂的骨頭

骨骼肌的兩個肌腱會分別附著在關節兩端的骨骼上。

骨骼肌的種類

紡錘肌　　多頭肌（如肱二頭肌）　　羽狀肌（如股直肌）　　多腹肌（如腹直肌）

肌頭　　肌鍵

肌腹

肌尾

2 骨骼肌名稱

人體主要骨骼肌名稱

　　全身的肌肉是由骨骼肌層層相疊而成。整體而言，靠近體表的肌肉較大，深處的肌肉較小。舉例來說，背部靠近體表處有**斜方肌**、**背闊肌**，臀部靠近體表處則有**臀大肌**等大又強而有力的肌肉；相較於此，背部下層附著於肩胛骨的**大、小菱形肌**、脊柱兩側的**豎脊肌**、臀部的**臀中肌**等則相對較小。

　　運動手指的骨骼肌中，某些用以進行靈巧動作的小型肌肉是分布於手腕至手指尖端的空間中，不過能夠輸出強大力量的肌肉則分布於前臂。這些相對較強力的骨骼肌無法分布在手腕至手指之間，而是肌腹位於前臂，只有肌腱往前延伸至指尖。

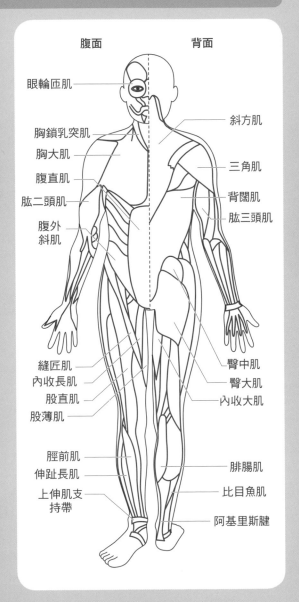

腹面　　　　背面

眼輪匝肌
胸鎖乳突肌
胸大肌
腹直肌
肱二頭肌
腹外斜肌
縫匠肌
內收長肌
股直肌
股薄肌
脛前肌
伸趾長肌
上伸肌支持帶

斜方肌
三角肌
背闊肌
肱三頭肌
臀中肌
臀大肌
內收大肌
腓腸肌
比目魚肌
阿基里斯腱

1 人體的結構

2 細胞

3 運動系統

4 呼吸系統

5 循環系統

6 消化系統與營養

3 骨骼的數量與功能

人體主要骨骼與關節的名稱

人體內共有206＋α塊骨骼。之所以會用＋α的方式描述，是因為**尾骨**、手指腳趾的骨頭還有一些**種子骨**，而每個人擁有的種子骨數目不大一樣。人類骨骼最大的是大腿的股骨，成人股骨可達40 cm；最小的是中耳內的三種聽小骨，大小都只有數毫米。

骨骼是支撐人體的重要支柱，我們會用「鐵骨」「骨子」等描述支撐一個人的事物。骨骼的基本功能就是支撐身體，維持人體外型，並成為運動時的支點與作用點。此外，顱骨有保護腦部的作用；肋骨、胸骨、胸椎有保護肺與心臟的作用；骨盆有保護膀胱與內生殖器的作用。某些骨頭內的骨髓還可以製造包括紅血球在內的各種血球（File 57）。

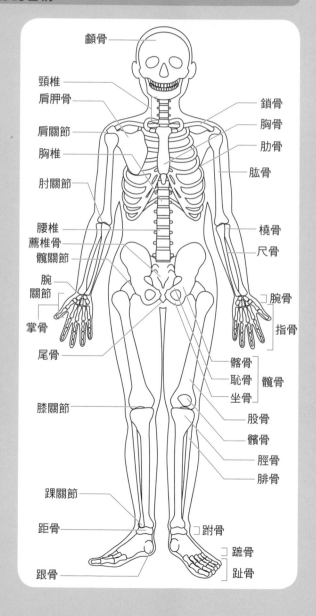

顱骨
頸椎
肩胛骨
肩關節
胸椎
肘關節
腰椎
薦椎骨
髖關節
腕關節
掌骨
尾骨
膝關節
踝關節
距骨
跟骨

鎖骨
胸骨
肋骨
肱骨
橈骨
尺骨
腕骨
指骨
髂骨
恥骨
坐骨
髖骨
股骨
髕骨
脛骨
腓骨
跗骨
蹠骨
趾骨

4 骨骼的結構

長骨的結構

　　骨骼包括手腳細長的長骨、位於手腕腳踝的塊狀短骨、位於顱骨等處呈扁平狀的**扁平骨**、如脊椎骨般外型複雜、凹凸不平的**不規則骨**、內部有空洞的**含氣骨**等多種類別。

　　長骨兩端膨起的部分稱做骨端，中間細長的部分稱做骨幹。骨幹內部有許多空洞，周圍則由堅固的緻密骨組成，形成質輕、堅固的結構。緻密骨內，縱向有名為哈維氏管的通道，橫向有名為**弗克曼氏管**的通道，這些通道內有血管通過。骨端內部則有名為**骨小樑**的結構，由細小的骨質交錯排列而成，就像海綿一樣。骨小樑可以補強骨骼在受力方向的強度。

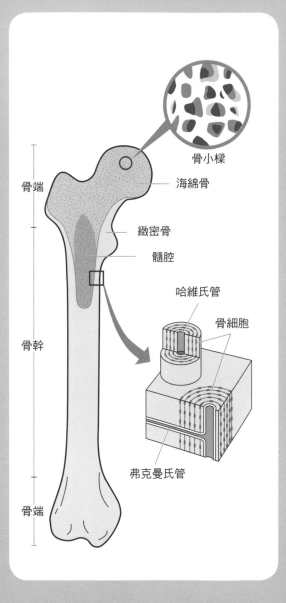

骨小樑

骨端

海綿骨

緻密骨

髓腔

哈維氏管

骨細胞

骨幹

弗克曼氏管

骨端

1 人體的結構

2 細胞

3 運動系統

4 呼吸系統

5 循環系統

6 消化系統與營養

3-01 關節的結構與功能

骨骼的形狀決定關節的運動方式

關節是兩個以上骨頭的交接處。有些關節就像顱骨的各骨骼連接處，緊緊接合在一起無法運動，是所謂的**不動關節**。一般我們所說的關節是**可動關節**，能以各種方式活動，如彎曲、伸直等。兩個骨頭連接的部分，凸起處稱做**關節頭**，包住關節頭的部分則稱做**關節窩**。關節頭與關節窩的形狀，決定了關節的活動方式。

位於肩膀的肩胛骨與肱骨間的關節是活動範圍最大的關節，肩關節與髖關節皆屬於**球窩關節**。球窩關節的關節頭為球形，關節窩則是碗形，能包覆住關節頭。球窩關節可以朝任何方向移動，亦可以旋轉。特別是肩關節的關節窩比較淺，特徵是運動範圍很廣，但也很容易脫臼。

橢球關節的的關節頭就像橄欖球一樣呈現橢圓形，關節窩也呈現橢圓形的碗狀，手腕便屬於橢球關節。**鞍狀關節**的外型則像是馬鞍與跨坐在上的人一樣，手的拇指與其根部之間的關節便屬於鞍狀關節，這種關節可以前後或橫向移動，卻無法旋轉。

樞紐關節如其名所示，形狀就像門的樞紐（絞鍊）一樣。見於膝關節、肘關節、手指的關節，僅可朝一個方向彎曲。

一個骨頭以另一個骨頭的縱軸為中心，繞著它旋轉的關節，叫做**車軸關節**。頸部第一頸椎與第二頸椎之間的關節、前臂的橈骨與尺骨在手肘處與手腕處相接時的關節等，皆屬於車軸關節。

平面關節的兩塊骨頭接觸面為平面，並以滑動的方式運動，可見於腳的跗骨。

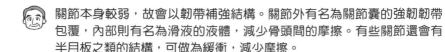 關節本身較弱，故會以韌帶補強結構。關節外有名為關節囊的強韌韌帶包覆，內部則有名為滑液的液體，減少骨頭間的摩擦。有些關節還會有半月板之類的結構，可做為緩衝，減少摩擦。

關節的不同活動方式

使身體做出各種動作的精密零件

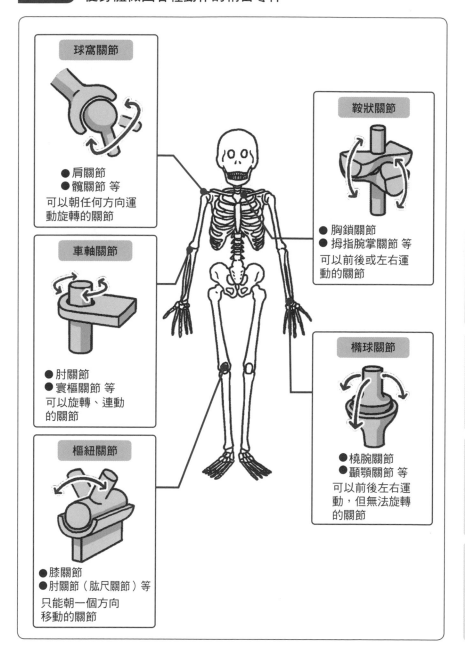

球窩關節

● 肩關節
● 髖關節 等

可以朝任何方向運動旋轉的關節

車軸關節

● 肘關節
● 寰樞關節 等

可以旋轉、連動的關節

樞紐關節

● 膝關節
● 肘關節（肱尺關節）等

只能朝一個方向移動的關節

鞍狀關節

● 胸鎖關節
● 拇指腕掌關節 等

可以前後或左右運動的關節

橢球關節

● 橈腕關節
● 顳顎關節 等

可以前後左右運動，但無法旋轉的關節

1 人體的結構

2 細胞

3 運動系統

4 呼吸系統

5 循環系統

6 消化系統與營養

3-02 骨骼的新陳代謝

建築物在建成多年之後，會陸續出現各種損壞。同樣的，骨骼雖然堅韌，但隨著時間經過，也會逐漸劣化。不過，在老化腐朽之前，身體有一套機制可以淘汰掉骨骼較弱、較老舊的部分，並加入新的骨骼組織。

全身的骨骼每經2～3年會全部更新一次。骨頭的材料包括鈣質、蛋白質等，製造新骨頭時還需要維生素D等營養素，若是飲食中缺乏這些營養素，平時又缺乏運動，便無法製造出強健的骨骼，不知不覺中，骨骼就會愈來愈脆弱。

骨骼的更新需由溶解骨質的**破骨細胞**，與製造新骨質的**造骨細胞**共同完成。破骨細胞就像拆除工一樣，會分泌酸性物質，溶解掉骨骼中老舊部分。這個過程稱做骨吸收作用。接著造骨細胞會聚集到老舊骨質被溶解掉的地方，分泌蛋白質（膠原蛋白）、磷酸鈣等骨質成分，最後一起溶入這些物質內，形成新的骨質。這個過程稱做**成骨作用**。

破骨細胞不只是處理老舊骨質的專家，也與調節血液中鈣質濃度有關。若沒有從食物中攝取足夠鈣質，破骨細胞就會開始破壞具有鈣質儲藏庫功能的骨骼，將鈣質送入血液中。

若能使破骨細胞的骨吸收作用與造骨細胞的成骨作用達成平衡，骨骼就能一直保持正常的強度。為此，我們必須攝取充分的營養素，並適度運動。骨骼在重力與運動的刺激下，會變得能承受較大的力量。

 鈣質是與止血功能、神經傳遞功能有關的重要礦物質。

造骨細胞與破骨細胞

骨骼的重建專家與拆除專家

重建

蛋白質
磷酸鈣

造骨細胞

為被溶解的部分
加入新骨質的細
胞

從骨質中取出鈣
質送至血液也是
破骨細胞的重要
工作之一

血液

破骨細胞

分泌酸性物質，
溶解骨骼中老舊
骨質的細胞

Ca Ca Ca

拆除

1 人體的結構

2 細胞

3 運動系統

4 呼吸系統

5 循環系統

6 消化系統與營養

3-03 骨骼肌的收縮機制

構成身體的三種肌肉

人體的肌肉可分成**骨骼肌**、**心肌**、**平滑肌**等三種肌肉。當我們提到「肌肉」，一般是指手臂、腿部上的骨骼肌。骨骼肌通常會橫跨兩個以上的骨頭，肌肉收縮時可以使關節彎曲，藉此活動手臂或腿部。

心肌是構成心臟外壁的肌肉。心臟之所以能夠24小時不間斷地搏動，就是因為心肌不間斷地收縮。

平滑肌是位於腸胃等內臟與血管壁的肌肉。消化食物時，腸道的蠕動就是由平滑肌收縮所引起。

骨骼肌可以隨我們的意識控制其運動，心肌與平滑肌則無法隨我們的意識控制其運動，骨骼肌又稱為隨意肌、心肌與平滑肌則為不隨意肌。

肌肉的收縮機制

讓我們以骨骼肌為例，來看看肌肉是如何收縮的。骨骼肌由名為**肌纖維**的纖維狀細胞成束聚集而成，而肌纖維內則含有許多名為肌原纖維的細長纖維狀蛋白質。構成肌原纖維的蛋白質可分為**肌動蛋白纖維**與**肌凝蛋白纖維**兩種。其中，肌動蛋白纖維比肌凝蛋白纖維還要細一些。這兩種纖維像是頭髮與梳子一樣彼此穿插、交疊在一起。肌凝蛋白纖維的末端有著像是高爾夫球桿末端的凸起，這個部分可以在肌動蛋白纖維上爬動，將肌動蛋白纖維拉向自己。當肌動蛋白纖維與肌凝蛋白纖維互相穿插的深度變深，便能使整個肌肉收縮。這就是骨骼肌收縮的基本機制。而肌凝蛋白的頭部在肌動蛋白上爬行時，會消耗能量。

肌肉組織與骨骼肌的收縮

使肌肉收縮的纖維束 ·····························○

肌肉組織的分類

肌肉組織主要可以分成三類

骨骼肌	心肌	平滑肌
位於手臂與腿部等骨骼的肌肉。可以隨自己的意識自由活動。肌肉上有橫紋，故也稱做橫紋肌。	只存在於心臟的肌肉。會自行反覆收縮、舒張，個體的意識無法影響其活動。	位於內臟、血管等身體各處。無法由意識控制其活動。

骨骼肌的收縮機制

想要用力時，兩種肌肉纖維會彼此拉近，交互重疊在一起，使整體肌肉變得較短、較粗。

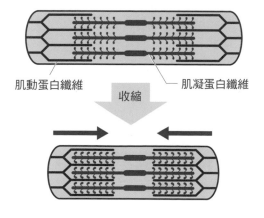

肌動蛋白纖維 ──┘   └── 肌凝蛋白纖維

收縮

3-04 肌肉收縮的能量來源

無氧呼吸與有氧呼吸

　　骨骼肌的收縮需要能量，這些能量來自名為ATP（三磷酸腺苷）的物質。我們從食物中獲取的營養素沒辦法直接作為能量使用，需要先轉換成傳遞能量的媒介ATP。ATP是腺苷接上三個磷酸根所形成的物質，當其中一個磷酸根被切離，鍵結處便會釋放出能量。ATP在切除了一個磷酸根之後會變成ADP（二磷酸腺苷）。之後細胞還可以再用其他方式，消耗能量將一個磷酸根接回去，變回ATP，使其成為能夠反覆利用的能量傳遞媒介。

　　骨骼肌內也有ATP，但儲藏量相當少，在全力運動之下，只要1～2秒就會用盡。肌肉用完ATP之後，便會開始使用名為磷酸肌酸的物質。磷酸肌酸是由肌酸與磷酸根連接而成的分子，磷酸被切斷時，便可釋放出能量。然而，磷酸肌酸在骨骼肌內的儲藏量也不多，在全力運動之下，最多也只能撐個7～8秒。

　　只靠儲存的ATP和磷酸肌酸，並不足以提供肌肉需要的能量，故骨骼肌會燃燒葡萄糖等營養素，產生更多的ATP。這個過程可以分成不會消耗氧氣的**糖解作用**（無氧呼吸），與會消耗氧氣的**檸檬酸循環**（有氧呼吸）。糖解作用是將儲藏在骨骼肌內的肝糖（由大量葡萄糖分子聚集而成的分子）分解成一個個葡萄糖後，在沒有消耗氧氣的狀態下燃燒這些葡萄糖，產生丙酮酸或乳酸，藉此迅速獲得ATP，不過在全力運動之下，約30秒左右就會耗盡肝糖。在有氧氣供給的狀況下，則另外可以將丙酮酸轉變成乙醯輔酶A，然後送進粒線體內，進入檸檬酸循環。檸檬酸循環中有各種酶參與反應，產生大量ATP。雖然檸檬酸循環的反應時間較長，但只要有營養素和氧氣，便可以長久持續製造出ATP，是其一大特點。

 ATP 是生物進行各種活動時的能量來源。

肌肉細胞利用 ATP 能量收縮肌肉

藉由 ATP 的分解與合成獲得能量

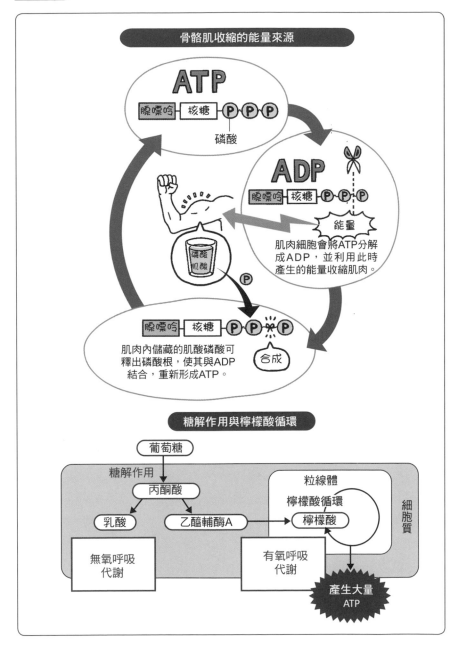

骨骼肌收縮的能量來源

ATP

| 腺嘌呤 | 核糖 | P | P | P |

磷酸

ADP

| 腺嘌呤 | 核糖 | P | P | P |

能量

肌肉細胞會將ATP分解成ADP，並利用此時產生的能量收縮肌肉。

| 腺嘌呤 | 核糖 | P | P | P |

合成

肌肉內儲藏的肌酸磷酸可釋出磷酸根，使其與ADP結合，重新形成ATP。

糖解作用與檸檬酸循環

葡萄糖

糖解作用

丙酮酸

乳酸

乙醯輔酶A

無氧呼吸代謝

粒線體

檸檬酸循環

檸檬酸

細胞質

有氧呼吸代謝

產生大量ATP

1 人體的結構

2 細胞

3 運動系統

4 呼吸系統

5 循環系統

6 消化系統與營養

3-05 皮膚結構與代謝更新

皮膚是身體的防護罩

覆蓋全身表面的皮膚可以說是身體的防護罩。皮膚可以阻擋來自外界的物理撞擊、冷熱刺激、化學物質刺激等，減輕身體受到的傷害，還可以阻止細菌、病毒的侵入。此外，皮膚還有防止體內水分散失的功能，調節體溫也是皮膚的功能之一。皮膚上有感覺冷、熱的受器（p.138）。當皮膚被紫外線照射到，還可以合成維生素D，用以代謝骨質。

皮膚可以分成表面的**表皮**與其下方的**真皮**。每個部位的皮膚厚度不同，不過通常表皮約為0.1～0.3 mm，真皮則是1～3 mm。

表皮是由**角質細胞**層層堆疊而成的結構。表皮最深處的基底層會持續分裂出新的角化細胞，新生的角質細胞會逐漸把舊細胞往表層推。當角質細胞被推到皮膚表面的角質層，內部會有一大半被名為角質蛋白的蛋白質取代，成為平坦的角質細胞，最後變成汙垢的一部分脫落。新細胞從基底層誕生到從體表脫落，中間約需經過15～30日。

真皮內有許多走向複雜的**膠原蛋白**纖維將**彈性蛋白**串接在一起。膠原蛋白與彈性蛋白皆屬於蛋白質，隨著年齡的增加，以及紫外線的破壞，這些蛋白質含量會逐漸減少，使皮膚失去彈性，形成皺紋。蛋白質的分子很大，無法穿透表皮，故我們沒辦法從表皮外直接補充膠原蛋白與彈性蛋白。只能藉由攝取食物，將其中的蛋白質消化成胺基酸（p.96），經過吸收，真皮的纖維母細胞才能以此為原料，製造這些蛋白質。真皮內有許多血管、淋巴管、神經通過，也有負責皮膚感覺的受器、分泌汗液的汗腺。體毛是在位於真皮的毛囊底部生成，並逐漸往體表延伸而成的。

表皮與真皮的結構

守護皮膚健康的蛋白質

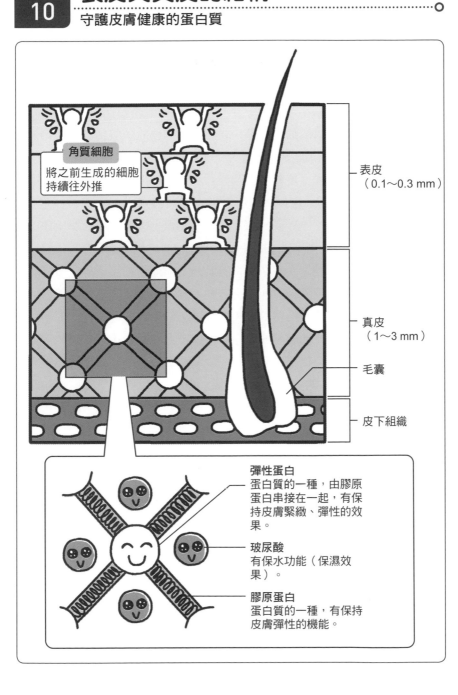

角質細胞
將之前生成的細胞持續往外推

表皮
（0.1～0.3 mm）

真皮
（1～3 mm）

毛囊

皮下組織

彈性蛋白
蛋白質的一種，由膠原蛋白串接在一起，有保持皮膚緊緻、彈性的效果。

玻尿酸
有保水功能（保濕效果）。

膠原蛋白
蛋白質的一種，有保持皮膚彈性的機能。

1 人體的結構

2 細胞

3 運動系統

4 呼吸系統

5 循環系統

6 消化系統與營養

能量的儲存？

　　動物會動，所以叫做動物。動物要活動，需要肌肉的幫助。不只是手腳需要活動，人體的器官也需要活動。手腳可藉由橫紋肌（骨骼肌）進行活動，內臟則是靠平滑肌活動。肌肉的運動，也就是肌肉收縮需要能量才能進行。當ATP與肌肉細胞內的收縮蛋白質結合，便可促進肌肉收縮。ATP是一種高能量的物質，細胞可以利用從葡萄糖與氧氣的反應中所獲得的能量來合成ATP。不過，當肌肉暫時還不需要能量，這些葡萄糖又會何去何從呢？器官的肌肉不會隨便停止活動，骨骼肌卻可以依照我們自己的意識而停止活動。進食之後，從食物中獲得的大量葡萄糖會進入體內，要是肌肉沒有馬上利用這些葡萄糖，這些葡萄糖便不會一直保持葡萄糖的樣子。細胞不會將能量以葡萄糖的形式儲藏。一部分的葡萄糖可以轉變成肝糖儲藏起來，但可儲藏的量也有極限。要是一直從飲食中攝取葡萄糖，肝臟就會將葡萄糖轉變成脂肪，而這些脂肪會順著血液，被搬運至皮膚底下儲藏起來，成為皮下脂肪。

　　皮下脂肪過多的人，外觀可能不討喜，但皮下脂肪卻是肌肉運動時的重要燃料庫。肌肉活動時需要ATP，為了製造ATP，必須攝取食物做為原料。但一般來說，我們不可能一邊活動一邊吃東西。因此，人體會將由食物中獲得的能量暫時儲藏在皮下脂肪內，直到我們想要活動肌肉的時候，才會燃燒脂肪產生能量。事實上，激烈運動後之所以可以減重，就是因為皮下脂肪被燃燒。相反的，如果攝取的食物量超過了肌肉的需要，那麼多餘的能量就會一直累積在皮下脂肪，器官周圍也會開始累積脂肪。這些器官脂肪是造成動脈硬化的原因之一，這種情形又稱做代謝症候群。

第 **4** 章

呼吸系統

　　呼吸究竟是怎麼回事呢？或許你會回答「先吸氣再吐氣」「吸進氧氣、排出二氧化碳」。不過，生理學上的呼吸卻不太一樣。

　　體內所有細胞都需要氧氣才得以存活。將氧氣送給這些細胞，再將細胞不需要的二氧化碳送走，這個氣體交換的作用就稱做呼吸。身體是用什麼方式搬運氧氣與二氧化碳的呢？讓我們一起來看看人體呼吸的機制吧。

呼吸系統

1 呼吸系統概要

與呼吸有關的器官名稱

與呼吸有關的器官包括鼻、**咽、喉、氣管、支氣管、肺**等,合稱呼吸系統。其中,從鼻子到支氣管這段有空氣通過的路徑,稱做呼吸道。**呼吸道**以喉為界,從鼻子到喉這段稱做**上呼吸道**,而氣管與支氣管則稱做**下呼吸道**。肺位於由肋骨、胸骨、胸椎構成的籠形胸廓內,左右肺分別位於心臟兩側,且

皆位於**橫膈膜**之上。由於心臟稍微偏向左邊,故左肺比右肺要小一些。右肺可分為上、中、下三葉,而左肺則分為上、下兩葉,左右肺又分別被**胸膜**包覆著。

橫膈膜與**肋間肌**為骨骼肌,兩者的活動可以讓肺吸入、吐出空氣,因此稱做呼吸肌。

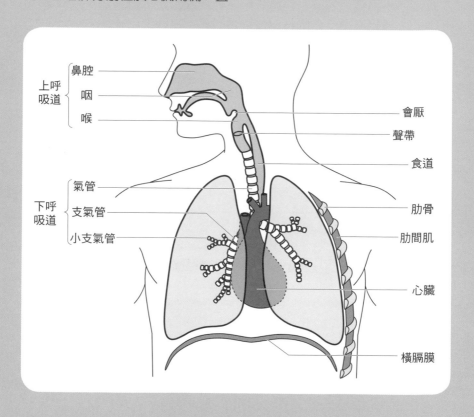

1 人體的結構

2 細胞

3 運動系統

4 呼吸系統

5 循環系統

6 消化系統與營養

2 鼻腔、咽喉

空氣進入肺的路徑

　　鼻子是空氣的入口。鼻子內部有像牆一般的鼻中膈，將鼻子分為左右兩邊。進入鼻孔後，長有許多鼻毛的地方叫做**鼻前庭**，從這裡開始到鼻子深處的空間稱做**鼻腔**。鼻前庭靠近鼻中膈部分的黏膜下方聚集了細小的動脈，又稱做**克氏叢**，可以為吸入鼻腔內的空氣加溫。順帶一提，流鼻血時，通常也是這個部位在出血。

　　鼻腔左右兩邊分別有上、中、下**鼻甲**，鼻腔頂部則有負責嗅覺的嗅上皮。

　　鼻子與口的深處為咽，而咽的下方分為前後兩條路徑，前方是喉、後方是食道。喉的入口有一個像蓋子般的結構，叫做會厭，可以防止食物進入氣管。另外，喉內還有一個用來發聲的**聲帶**。

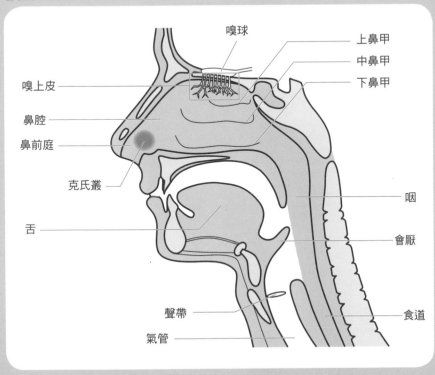

嗅球

上鼻甲

中鼻甲

下鼻甲

嗅上皮

鼻腔

鼻前庭

克氏叢

舌

咽

會厭

聲帶

氣管

食道

3 氣管、支氣管

將空氣送入肺的波紋管

喉部下端與**氣管**連接，氣管再往下則分成左右**支氣管**，分別前往左肺與右肺。氣管是一個粗約2 cm，長約10 cm的管道。氣管軟骨呈U字型，開口朝後，從前面看起來就像洗衣機排水用的波紋管。

氣管在鎖骨往下數公分的地方分成左右兩邊，成為支氣管。支氣管並非左右對稱，右支氣管與原氣管的方向相差約25度，左支氣管則是約45度，而且左支氣管比較細長一些。這是因為左支氣管進入肺時，需避開偏向身體左側的心臟。支氣管進入肺之後會愈分愈細，其末端即肺泡。

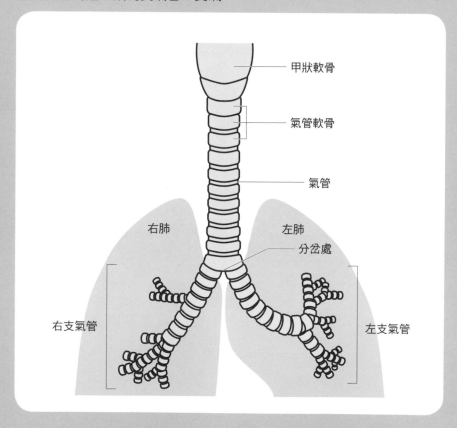

甲狀軟骨

氣管軟骨

氣管

右肺　　左肺

分岔處

右支氣管　　左支氣管

4 肺泡

肺部重要的小房間，用以交換氧氣與二氧化碳

支氣管末端的**小支氣管**內徑僅0.3 mm左右，最後會連接到**肺泡**。肺泡是直徑0.1～0.3 mm的圓形氣球，多個聚集在一起，看起來就像葡萄一樣。肺泡並非一個個孤立的氣球，相鄰肺泡間有名為**肺泡孔**的通道連接彼此。肺泡表面纏繞著彈性纖維，可維持其形狀，周圍還有許多微血管網圍繞。這些微血管內的血液可以和肺泡內的空氣交換氧氣與二氧化碳，肺便是藉此達到交換氣體的功能。

整個肺部約有數億個肺泡，表面積可達70～80 m²。

1 人體的結構

2 細胞

3 運動系統

4 呼吸系統

5 循環系統

6 消化系統與營養

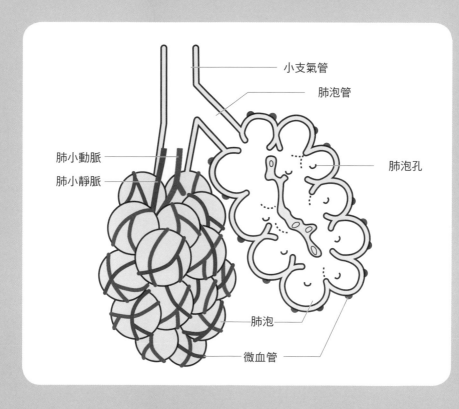

小支氣管
肺泡管
肺小動脈
肺小靜脈
肺泡孔
肺泡
微血管

4-01 呼吸分為外呼吸與內呼吸

氣體交換發生在兩個位置

　　生理學上的呼吸指的是氧氣與二氧化碳的交換，包括空氣與血液，以及血液與身體細胞間的**氣體交換**。

　　地球上的動物皆需攝取營養素與氧氣做為能量來源。燃燒營養素，也就是將營養素「氧化」之後可以獲得能量，生物便是藉由這些能量存活於世界上。這種氧化反應發生在細胞內，換句話說，全身的細胞都需要氧氣才能活下去。血液將氧氣送給細胞，並將細胞排出的二氧化碳帶走，這是所謂的**內呼吸**。若要提升血液將氧氣送給細胞的效率，就必須從有豐富氧氣的外界持續吸入氧氣至體內。吸入空氣後，空氣中的氧氣可在肺部滲透進血液內；肺還可做為媒介，將血液帶來的二氧化碳排出體外，這就是所謂的**外呼吸**。

呼吸與血液循環有密切關係

　　血液可藉由紅血球中的紅色色素——血紅素來搬運氧氣（p.166）。血紅素易與氧氣結合，故可在肺泡處接收氧氣，再將其運送至全身組織。二氧化碳易溶於水，故可溶於血液中，由占了血液大半的液體成分——血漿來運送，另外有一小部分的二氧化碳會由紅血球運送。因此，呼吸功能與血液，以及使血液循環的循環系統有密切的關係。

 氣體交換是發生在肺泡嗎？

 是的。肺泡與微血管緊緊靠在一起（File 14），氣體可以在這裡交換。

外呼吸與內呼吸的機制

呼吸就是體內的氣體交換

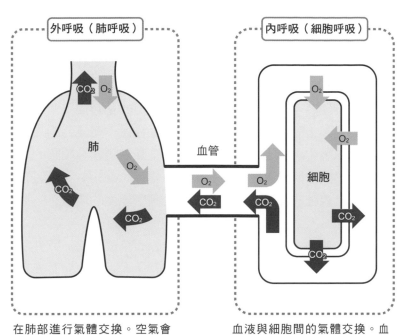

外呼吸（肺呼吸）

CO_2 O_2

肺

血管

O_2

CO_2

CO_2

O_2

CO_2

內呼吸（細胞呼吸）

O_2

O_2

O_2

CO_2

O_2

細胞

CO_2

CO_2

在肺部進行氣體交換。空氣會在這裡與身體（血液）進行氣體交換，使氧氣進入體內。

血液與細胞間的氣體交換。血液與細胞（組織）間的氣體交換，可使氧氣進入細胞。

O_2 氧氣　　　　CO_2 二氧化碳

呼吸作用交換的是氧氣與二氧化碳，故這兩種氣體又稱做「呼吸氣體」。

1 人體的結構

2 細胞

3 運動系統

4 呼吸系統

5 循環系統

6 消化系統與營養

4-02 從鼻子到支氣管的呼吸道功能

排除與空氣一起進入體內的異物

呼吸道是空氣的路徑，從鼻子到喉部是所謂的**上呼吸道**，氣管與支氣管則是**下呼吸道**（p.38）。呼吸道有兩個功能，一個是排除異物，另一個則是將空氣加濕、加溫，使呼吸道的黏膜與整個胸部不致降溫。空氣進入上呼吸道後，鼻孔內的鼻毛會擋下空氣內的灰塵等異物。後方的鼻腔中則有**上、中、下鼻甲**，空氣需通過鼻甲間的空間繼續前進，而這些空間分別稱做**上、中、下鼻道**（p.39）。鼻道的表面積相對大，其表面的黏膜可以營造出一個高溫多濕的環境，為進入的空氣加溫、加濕。

咽位於喉嚨的上方，有一個名為扁桃腺的免疫組織，負責擊退混在空氣內進入體內的細菌或病毒。想必有許多人因喉嚨痛而去看醫生時，常會聽到醫生說：「你的扁桃腺腫起來了。」之類的話。這是因為扁桃腺內，白血球與外敵正在展開激烈的戰鬥。

下呼吸道中，氣管與支氣管的黏膜上有許多細胞併排在一起，這些細胞上有名為**纖毛**的細小毛狀結構，某些細胞還可以分泌黏液。不慎掉入氣管的灰塵會在這裡被黏液捕捉，然後被纖毛慢慢送往口腔，以痰的形式排出體外。

進入鼻腔或喉嚨的異物會引起黏膜發炎，產生鼻水或痰，再以噴嚏或咳嗽的形式排出體外。呼吸道的黏膜有某種受器，當這種受器接觸到異物、刺激物、冰冷空氣，便會將這些訊息經由神經傳導到位於延腦的中樞，引起噴嚏或咳嗽等反射動作。這就是為什麼當鼻子受到刺激會打噴嚏，喉嚨受到刺激會咳嗽的原因。

呼吸道的功能與空氣流動

呼吸道是人體的空氣清淨機

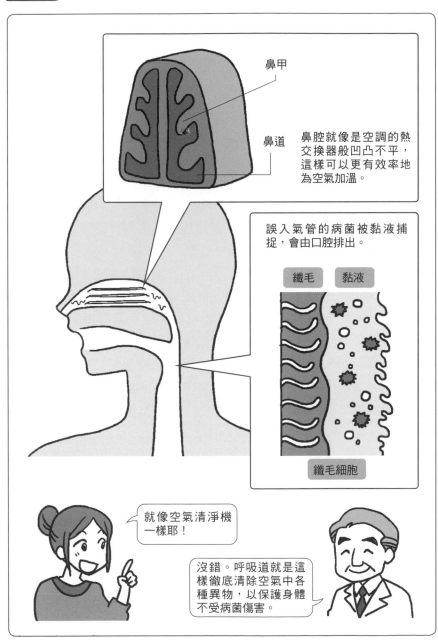

鼻甲

鼻道

鼻腔就像是空調的熱交換器般凹凸不平，這樣可以更有效率地為空氣加溫。

誤入氣管的病菌被黏液捕捉，會由口腔排出。

纖毛　黏液

纖毛細胞

就像空氣清淨機一樣耶！

沒錯。呼吸道就是這樣徹底清除空氣中各種異物，以保護身體不受病菌傷害。

1 人體的結構

2 細胞

3 運動系統

4 呼吸系統

5 循環系統

6 消化系統與營養

4-03 胸腔擴張後，肺才被動膨脹

外肋間肌與橫膈膜可擴張胸腔，藉此吸入氣體

肺具有一定的伸縮性與彈性，可以一定程度地擴張收縮，卻無法像心臟般可以靠自己的力量伸縮。也就是說，肺只是一個單純的袋狀結構，若要讓空氣進出肺部，需要靠肺外側的**外肋間肌**與**橫膈膜**的運動。

肺位於胸部的空間中，也就是**胸腔**內。胸腔由12對肋骨包圍著，前方有胸骨、後方有胸椎，呈現出一個籠狀的胸廓，胸腔與腹腔間則以橫膈膜區隔。當這個胸腔擴張、體積增加，便可以讓肺吸入空氣。胸腔擴張多少，便可吸入多少體積的空氣。

擴張胸腔的方式可分為擴大胸廓與橫膈膜下拉兩種。擴大胸廓作用於肋骨與肋骨間的外肋間肌。外肋間肌收縮時，可將下方的肋骨往外往上拉起，當所有的外肋間肌一起收縮，便可讓整個胸廓往外擴張。另外，頸部前方與兩側也有部分骨骼肌附著於上方的肋骨，可以在吸氣時幫助肋骨上舉，擴大胸廓。當馬拉松跑者覺得呼吸困難，會抬高下巴，就是利用頸部的骨骼肌提高胸廓，藉此吸入更多空氣。

橫膈膜的名字中雖然有個「膜」字，但其實是有一定厚度的骨骼肌。橫膈膜的形狀就像體育館的屋頂般向上凸起，周圍則緊緊貼著身體內部。橫膈膜收縮時，會使像體育館屋頂般的凸起下降，增加胸腔的體積，使肺能吸入空氣。

一般的呼吸，吐氣時不需要耗費力氣，只要將吸氣時收縮的肌肉放鬆舒張，即可使胸腔體積恢復原狀，自然而然吐出氣體。

 若想要下意識地用力吐出氣體，或者想要盡可能吐出更多氣體，就需要靠骨骼肌的幫助。內肋間肌的收縮方向與外肋間肌相反，內肋間肌收縮時可使肋骨下降；另外還可藉由腹直肌等腹肌群從下方擠壓腹部，將肺再往上頂，使胸腔的體積變得更小，吐出更多氣體。

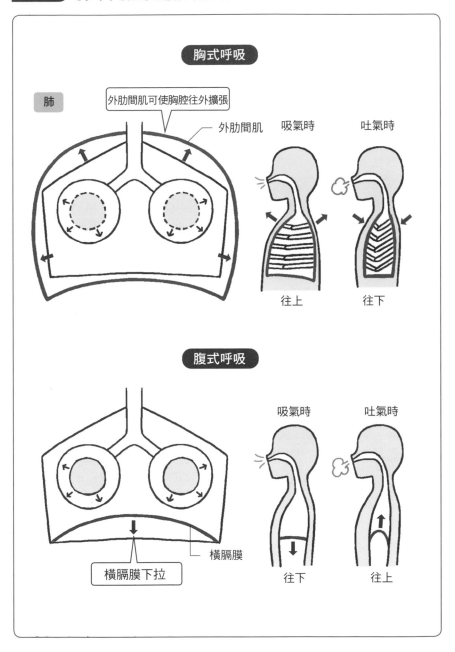

1 人體的結構

2 細胞

3 運動系統

4 呼吸系統

5 循環系統

6 消化系統與營養

4-04 肺泡的功能

氣體交換利用擴散現象

　　肺泡周圍圍繞著許多微血管，這些微血管內的血液會與肺泡內的空氣交換氧氣與二氧化碳。這種氣體交換是由什麼機制驅動的呢？肺泡壁與微血管壁合起來大約只有0.5μm（微米）※厚，這層薄膜可以讓氧氣與其他氣體通過，卻無法讓灰塵與其他異物通過。不過，這層薄膜上並沒有任何為了讓氣體通過而設置的特殊裝置。

　　氣體的交換是藉由「**擴散**」這種物理現象而進行。擴散指的是一種物質從濃度高的地方自然移動到濃度低的地方，最後所有區域的濃度皆趨於相同的現象。在一杯透明的水中滴入一滴紅色墨水，紅色墨水會逐漸擴散開來，最後整杯水呈現均勻的紅色。在房間角落放置芳香劑後，隨著時間經過，香味會逐漸擴散至整個房間，這些都是擴散現象。肺泡內的氧氣濃度比血液高，故氧氣會從肺泡內擴散至血液；血液內的二氧化碳濃度比肺泡內高，故二氧化碳會從血液擴散至肺泡內。由於擴散是自然現象，故不需要消耗能量。

　　若擴散現象持續下去，最後會使整體濃度趨於一致。而肺泡的氣體交換也是會持續到「肺泡內與微血管內血液的氧氣濃度、二氧化碳濃度相同」為止。也就是說，進入肺泡的氧氣並不是全都會進入微血管，而血液中的二氧化碳也不會完全離開血管。因此，氣體交換完畢後，吐出的氣體中仍有一定程度的氧氣，而負責運送氧氣的動脈血液仍有一定程度的二氧化碳。

 咦，我還以為吐出來的氣體全都是二氧化碳，原來裡面還有少許氧氣啊。

※ 1μm = 1 / 1,000 mm

肺泡的氣體交換機制

肺泡利用擴散現象進行氣體交換

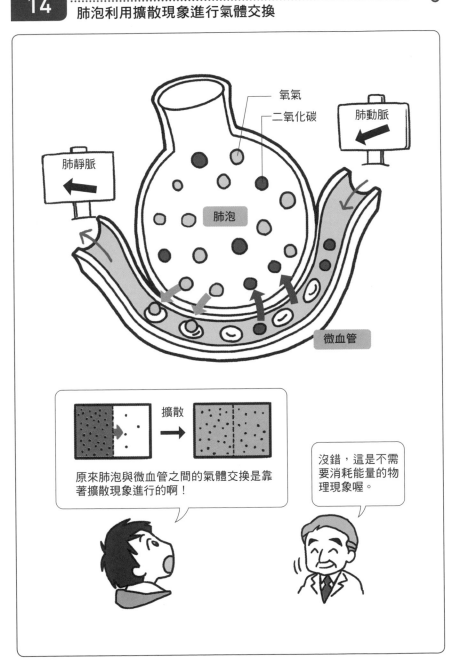

1 人體的結構

2 細胞

3 運動系統

4 呼吸系統

5 循環系統

6 消化系統與營養

4-05 肺功能檢查

測量肺的容積與通氣功能

以嘴巴銜住與測量儀器相連的管子，並夾住鼻子防止空氣漏出，然後依照指示呼吸，測量自己的呼吸情況。測定結果如右圖所示，稱作**呼吸功能檢查圖**。圖中顯示，受測者先進行了幾次普通的呼吸，然後一口氣吸進最大量的氣體，再用力吐出氣體，直到不能再吐出氣體為止，接著恢復正常呼吸。

平時的呼吸中，一次吸氣或吐出的氣體量稱做潮氣量，成人的潮氣量平均約為500 mL。不過其中100 mL左右的氣體只能抵達喉、氣管、支氣管，無法抵達肺泡，於是這些氣體就在沒有和肺泡交換氣體的情況下被吐出。這些沒辦法進行氣體交換的部分又稱做**無效腔**。另外，平常呼氣時，肺泡並不會完全被擠扁，故肺泡內也有一定程度的空氣屬於無效腔的範圍。平時呼氣後，仍停留在呼吸道與肺部的空氣量，稱作**功能儲備量**。也就是說，如果進行很淺的呼吸，那麼吸進的空氣大部分會停留在無效腔，無法使肺泡內的空氣充分與外界交換，就會感到呼吸困難。

吸進最大量的空氣（最大吸氣量）之後，再用力吐盡這些氣體（最大吐氣量），這時吐出的氣體量就稱做**肺活量**。不過不管再怎麼努力吐出氣體，還是會有一部分的氣體殘留在呼吸道與肺泡，這些氣體就稱做**殘氣量**。成人的殘氣量約為1,500 mL，也就是說，人類的肺部內相當於有三個500 mL寶特瓶的空氣量，故容易浮在水面上。

檢查一個人的最大吸氣量與最大吐氣量狀況，可以推測出氣管、支氣管的通氣功能與肺的柔軟度。舉例來說，我們會用「**用力呼氣一秒率**」來表示一秒內可以吐出幾%肺容積的氣體，當用力呼氣一秒率太差，表示氣管、支氣管可能因氣喘發作而變得狹窄，或者因腫瘤阻礙了空氣進出。

肺活量與呼吸功能檢查

肺活量指的是用力吸氣與呼氣時，可進出肺部的最大空氣量

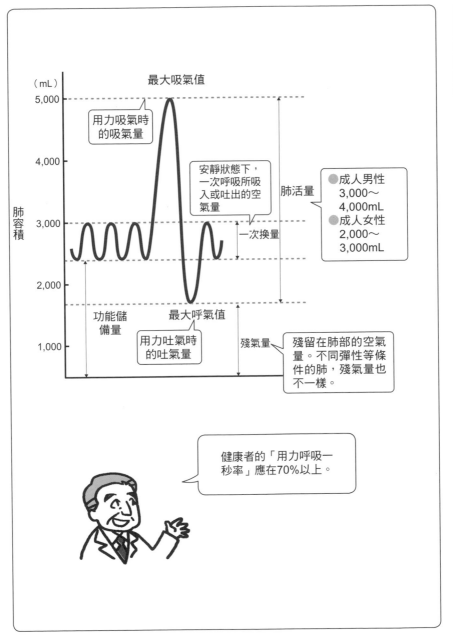

（mL）

最大吸氣值

用力吸氣時的吸氣量

安靜狀態下，一次呼吸所吸入或吐出的空氣量

肺活量

● 成人男性
3,000～
4,000mL
● 成人女性
2,000～
3,000mL

一次換量

肺容積

功能儲備量

最大呼氣值

用力吐氣時的吐氣量

殘氣量

殘留在肺部的空氣量。不同彈性等條件的肺，殘氣量也不一樣。

健康者的「用力呼吸一秒率」應在70%以上。

1 人體的結構
2 細胞
3 運動系統
4 呼吸系統
5 循環系統
6 消化系統與營養

4-**06** 血液氣體分壓與氧氣血紅素解離曲線

什麼是血液氣體分壓

血液氣體分壓可表示血液中含有多少氧氣或二氧化碳。若呼吸系統、與呼吸密切相關的循環系統、血液組織出了問題,可測量血液氣體分壓,探究患病原因,並藉此觀察病況的變化。

當血液內有多種氣體,我們會以氣體分壓來表示各種氣體在血液中的壓力,單位不是%,而是Torr(托)。Torr與表示血壓的mmHg相同,不過國際上通常以Torr做為壓力單位,僅在表示血壓時用mmHg做為單位。

舉例來說,哪個部位的血液氧氣分壓最高呢?答案就是剛從肺部獲得氧氣、準備要回到心臟左心房的肺靜脈血液。那麼,哪個部位的血液氧氣分壓最低呢?答案是正要前往肺部吸收氧氣的肺動脈血液。二氧化碳的氣體分壓則與氧氣剛好相反。

什麼是氧氣血紅素解離曲線

以「血液氧氣分壓」為橫軸,「與氧氣結合的血紅素占所有血紅素的比例」(氧氣飽和度)為縱軸,可以繪製出**氧氣血紅素解離曲線**(File 16)。血紅素容易與氧氣結合,當周圍有許多氧氣分子(氧氣分壓高時),與氧氣結合的血紅素也會比較多。如果氧氣分壓與血紅素的氧氣飽和度成正比,氧氣血紅素解離曲線應該會是一條往右上方延伸的直線,但實際上這卻是一條S形曲線。首先,請看橫軸的氧氣分壓在70 Torr以上的情形,此時的曲線顯得比較平坦,這表示當氧氣分壓在70 Torr以上,大部分血紅素會緊抓住氧氣而不輕易放開。接著再看氧氣分壓在40 Torr左右的情形,此時氧氣血紅素解離曲線的斜率很陡。這表示在身體各處的組織中,氧氣分壓愈低,血紅素就愈會積極釋放出氧氣,將氧氣提供給組織細胞使用。

認識「氧氣分壓」

體內的氧氣分壓與二氧化碳分壓

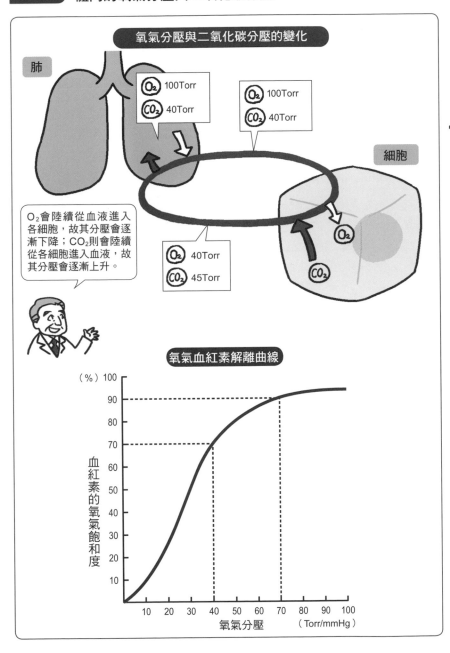

氧氣分壓與二氧化碳分壓的變化

肺

O_2 100Torr
CO_2 40Torr

O_2 100Torr
CO_2 40Torr

細胞

O_2會陸續從血液進入各細胞，故其分壓會逐漸下降；CO_2則會陸續從各細胞進入血液，故其分壓會逐漸上升。

O_2 40Torr
CO_2 45Torr

O_2

CO_2

氧氣血紅素解離曲線

（%）

血紅素的氧氣飽和度

氧氣分壓　（Torr/mmHg）

1 人體的結構

2 細胞

3 運動系統

4 呼吸系統

5 循環系統

6 消化系統與營養

血液中的氣體

　　呼吸系統處理的對象，也就是呼吸的對象是氣體。身體會吸入周圍的空氣，使其中的氧氣進入體內；另一方面，也會將體內產生的二氧化碳吐出至空氣中。空氣的主成分為氮氣，約占了空氣的八成，氧氣則約占兩成。雖然氮氣和氧氣等氣體很輕，但還是有重量，故空氣也是有重量的。空氣的重量對地面事物施加的力就是所謂的大氣壓，1大氣壓大約與面積1 cm²，高10 m的水柱所產生的壓力相同。平地上的每一個人皆承受著如此大的空氣重量。

　　潛水或在海底做工程時，必須承受1大氣壓以上的壓力。要是長時間待在水中，又突然浮出至水面，會出現關節疼痛、呼吸困難、意識障礙等症狀。潛水時，水中的壓力很高，故溶入潛水者血液中的空氣也會更多，其中也包含了氮氣。而當潛水者上浮，壓力急速下降，溶在血液內的氮氣便會像碳酸飲料般開始冒泡。氮氣本身是無害物質，但如果血液中產生氣泡，便會產生某些對人體有害的症狀。海底作業時，工作人員需在有高壓空氣的箱涵內工作，故這種疾病在日語中又稱做潛函病（即中文潛水夫症）。治療潛函病，需讓患者待在高壓艙內，使血液中氣化的氮氣再次溶回血液，接著再慢慢降低氣壓，使氮氣不至於迅速氣化。

　　氧氣進入肺泡的微血管內之後，會馬上與紅血球的血紅素結合，順著血液運送到全身各處。但如果吸入一氧化碳便會中毒。一氧化碳也會和血紅素結合，而且其結合能力約是氧氣的20倍，因此如果在火災現場等環境下吸入大量一氧化碳，血液便無法搬運氧氣，全身會出現缺乏氧氣的症狀。一氧化碳是一種相當恐怖的殺手。

第 5 章

循環系統

　　循環系統可以將氧氣、營養素等，順著血液循環至全身。血液永遠沿著單一方向持續流動。然而血流並不像河川般可以藉著高低差使河水流動，那麼為什麼血液不會停下來，也不會逆流呢？

　　心臟會依照固定的節奏持續收縮或舒張，推動血液流動。運動的時候，心臟會跳得快一些；放鬆的時候，心臟又會慢下來。心跳速度會有這種變化，想必是因為有某種指揮中心。

　　讓我們一起來看看心臟如何送出血液，以及血液通道的血管與循環器官如何運作。

1 全身動脈

將血液從心臟送到全身的血管

　　將血液從心臟送至全身的血管稱作動脈。最粗的動脈是從心臟左心室往上發出的**升主動脈**，直徑約為30 mm。升主動脈離開心臟後會出現一個迴轉，這個迴轉稱作**主動脈弓**，這裡會分出一條前往上肢與頭部的動脈。位在胸部並往下走的**胸主動脈**會沿著脊柱左側前進，通過橫膈膜之後改稱為腹主動脈。**腹主動脈**會持續下探，在第四腰椎處的高度分成兩條**髂總動脈**，分別往左右下肢前進。

　　從心臟出發的動脈基本上都位於身體深處，不過頸部的**頸動脈**、腋下的**腋動脈**、大腿根部的**股動脈**卻在比較淺的地方，觸摸這些部位時可以感覺到脈搏。

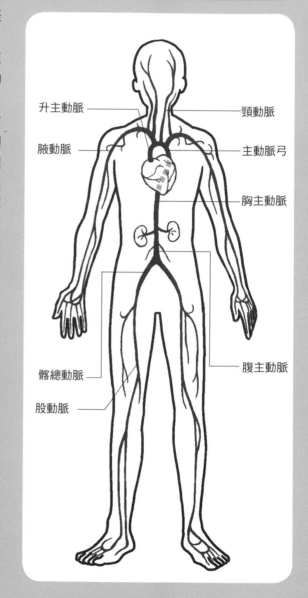

升主動脈　　頸動脈
腋動脈　　主動脈弓
胸主動脈
腹主動脈
髂總動脈
股動脈

2 全身靜脈

將血液從全身帶回心臟的血管

　　將血液從全身帶回
心臟的血管稱作靜脈。
匯集左右下肢血液的**髂
總靜脈**會在第四腰椎的
高度匯合成**下腔靜脈**。
接著下腔靜脈會沿著脊
椎右側往上前進，進入
右心房。匯集上肢血液
的**腋靜脈**，通過鎖骨下
方，成為**鎖骨下靜脈**。
匯集頭部血液的**頸內靜
脈**與**頸外靜脈**等匯入**鎖
骨下靜脈**。**鎖骨下靜脈**
與頸內靜脈匯合成**頭臂
靜脈**。最後左右兩邊的
頭臂靜脈匯合成**上腔靜
脈**。匯集胸部肋間血液
的奇靜脈也會匯入上腔
靜脈。上腔靜脈最後注
入右心房。

　　同一個部位的靜脈
與動脈會以相反方向流
動。全身各處的皮膚下
方皆有著很大的靜脈網
路，稱做皮靜脈。手臂
的皮靜脈常用於抽血。

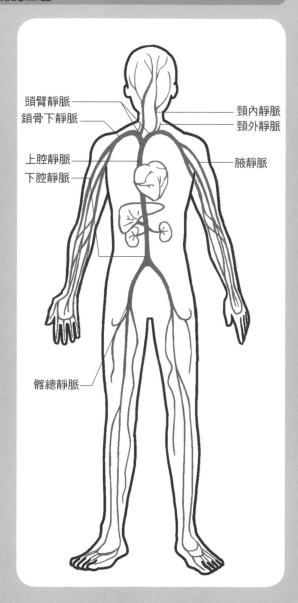

頭臂靜脈
鎖骨下靜脈
上腔靜脈
下腔靜脈
髂總靜脈
頸內靜脈
頸外靜脈
腋靜脈

1 人體的結構

2 細胞

3 運動系統

4 呼吸系統

5 循環系統

6 消化系統與營養

3 心臟內部結構

24 小時皆以一定節奏送出血液的高性能幫浦

　　心臟位於胸骨後方，高度約在第二肋骨至第五肋骨之間，大致位於胸部中央，稍微偏左邊一些。大小約與拳頭相仿，重量則約為200～300 g。

　　心臟內部可分為四個腔室。**左心房**與**左心室**負責將血液送至全身，**右心房**與**右心室**則負責將從全身流回的血液送往肺部。心房與心

室之間有的房室瓣（左：**二尖瓣**，右：**三尖瓣**），而心室出口則有動脈瓣（左：**主動脈瓣**，右：**肺動脈瓣**），這些瓣膜可使血液流動方向保持一定，防止血液逆流。房室瓣藉由名為腱索的纖維與乳頭狀肌相連，被拉往心室的方向。故當心室收縮時，房室瓣不會反彈回心房。

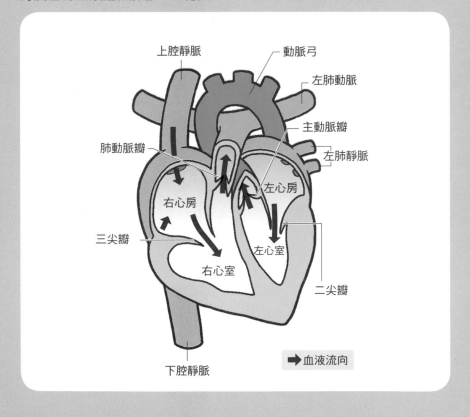

上腔靜脈　　　　動脈弓

左肺動脈

肺動脈瓣　　　　主動脈瓣

左肺靜脈

左心房

右心房

三尖瓣

左心室

右心室

二尖瓣

下腔靜脈

➡️ 血液流向

4 淋巴系統

淋巴液的運輸途徑

淋巴系統是收集全身組織液的系統，是一個「只有回程」的循環。淋巴管有許多凸起的淋巴結。淋巴管以全身的微淋巴管為起點，逐漸匯集成較粗的淋巴管。

下肢的淋巴管會逐漸匯集到左右**腰淋巴幹**，以腸道為起點的淋巴管則會匯集成**腸淋巴幹**，並與位於腹腔的**乳糜槽**〔因匯集含有大量脂肪，呈乳白色的淋巴液（乳糜），故名〕匯合。然後乳糜槽進入**胸管**，匯集胸部的淋巴管並往上前進。接著胸管會與匯集左側頭部、顏面淋巴管的**左頸淋巴幹**，以及匯集左側上肢淋巴管的**左鎖骨下淋巴幹**匯合，再一起注入左側頸內靜脈與鎖骨下靜脈匯合處的靜脈角，成為靜脈血的一部分。

匯集右側頭部、顏面淋巴管的**右頸淋巴幹**，與匯集右側上肢淋巴管的**右鎖骨下淋巴幹**等來自右上半身的淋巴管，兩者在匯合之後，注入右側靜脈角。

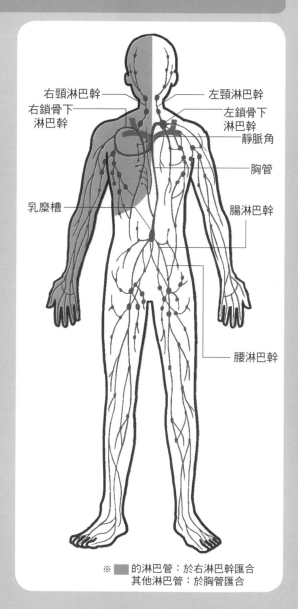

右頸淋巴幹
右鎖骨下淋巴幹
乳糜槽

左頸淋巴幹
左鎖骨下淋巴幹
靜脈角
胸管
腸淋巴幹

腰淋巴幹

※ ■ 的淋巴管：於右淋巴幹匯合
其他淋巴管：於胸管匯合

5-01 驅動全身血液流動的循環系統

循環路徑分為體循環與肺循環

　　循環系統由心臟、血管（動脈、微血管、靜脈），以及淋巴系統構成。血液與淋巴液可以運送細胞活動所需的各種必要物質，並將老舊廢物帶離細胞。循環系統的工作就是讓這些物質能夠形成一個流動的循環，因此循環系統就像是人體的物流系統。如果把血液或淋巴液比喻成運送物資的卡車，那麼卡車走的道路就是血管，而驅使血液流動的動力亦來自循環系統。要是城市中的物流停下來，我們的生活就會出現問題，同樣的，要是循環系統的機能停止，個體也沒辦法維持生命。

　　人體的循環路徑可以分成**體循環**（大循環）和**肺循環**（小循環）。體循環由心臟出發，將氧氣與營養送往全身細胞，再從細胞回收老舊廢物；肺循環則是將回到心臟的血液再送至肺，補充氧氣、排出二氧化碳後，再送回心臟。體循環與肺循環之間的分界點就是心臟，體循環結束後回到心臟的血液會馬上進入肺循環，而肺循環結束後回到心臟的血液也會馬上進入體循環。

　　體循環的血液從心臟左心室出發，經過愈分愈細的動脈，前往全身每一個角落，連接器官的微血管網，然後再慢慢匯集成愈來愈粗的靜脈，最後回到心臟的右心房。一般狀態下，體循環的血液會有13～15%前往腦部，有15～20%的血液前往骨骼肌。這個比例會隨著身體狀況而有所變動，運動時有80%的血液分配給骨骼肌。體循環中，血液平均只要30秒～1分鐘左右就能繞全身一圈。不過隨著身體部位的不同，血液回到心臟的時間也不一樣。離心臟近的部位，血液很快便會返回心臟；離心臟遠的腳趾，就要花很多時間才能回到心臟。

　　肺循環的血液則是從右心室出發，經由肺動脈抵達肺，並在肺部交換氧氣與二氧化碳，然後經由肺靜脈回到左心房。一般狀態下，血液從右心室出發，再回到左心房，平均只需約5秒鐘。

血液循環路徑

維持生命不可或缺的基礎交通建設

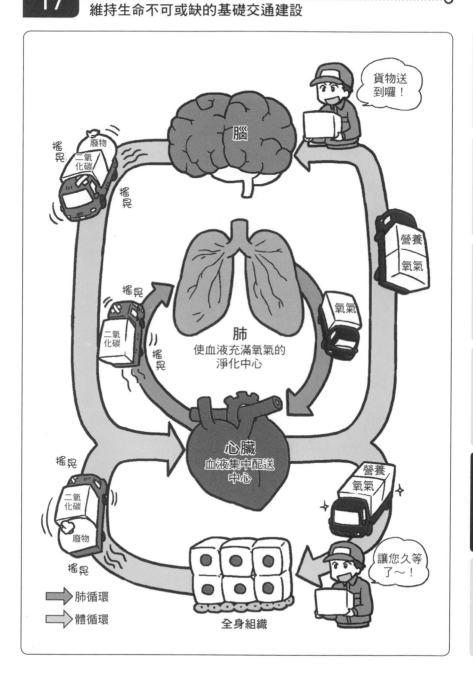

1 人體的結構

2 細胞

3 運動系統

4 呼吸系統

5 循環系統

6 消化系統與營養

5-02 心臟為什麼能全年無休地跳動？

電刺激使心臟收縮

　　血液終生都在流動。血液流動的動力源自心臟的收縮。心臟收縮時，可將心臟的血液擠出，成為血液流動的動力。因為心臟能夠以一定的節奏收縮，永不停止，血液才能一直流動。那麼，什麼樣的機制讓心臟可以不停的跳動呢？

　　心臟的外壁由名為心肌的肌肉組織組成，心肌是由心肌細胞所組成。心肌細胞有個特性，就是即使只有一個細胞，也能自行以一定規律收縮跳動。但如果每個心肌細胞都照著自己的規律任意跳動，整個心臟就無法成為一個有效率的幫浦。也就是說，需要一個能夠統率所有心肌細胞的指揮系統來驅使心臟跳動，才能有效率地打出血液。心臟的指揮系統就是**心臟傳導系統**。心臟傳導系統可發出電刺激訊號，傳導至整個心臟，引起心肌收縮。聽起來很像是神經會做的事，但這個系統並不是由神經引發，而是由特殊的心肌纖維引起，這種心肌纖維位於心肌深處。

　　位於右心房上部的**竇房結**會產生規律的電刺激訊號，使心臟能夠規律跳動。竇房結會產生規律性的電刺激訊號，這個訊號會沿著左右心房的外壁擴散至整個心房，而受到刺激的心房心肌細胞便會一起收縮，將血液從心房擠壓到心室。

　　當沿著心房外壁傳導的電刺激訊號，來到位於心房心室交界的**房室結**，電刺激訊號就會馬上沿著與之相連的**房室束**進入左右心室的中隔，並分成**左束支**與**右束支**，接著傳導至有許多分枝的**蒲金氏纖維**，此時電刺激訊號會快速傳導至整個心室，使左右心室強力收縮，將心室的血液打出至主動脈與肺動脈。

　　雖說竇房結會發出規律的電刺激訊號，但自律神經的交感神經興奮也會加快訊號的節奏。所以當我們運動或興奮，心跳會跟著加速；放鬆時，副交感神經興奮，心跳會減速。

刺激心臟跳動的「心臟傳導系統」

電訊號刺激的傳導路徑

心臟受電刺激而興奮的過程

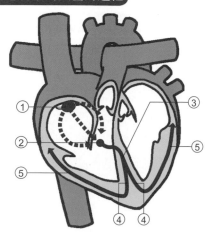

①竇房結

↓

②房室結

↓

③房室束

↓

④束支（左束支、右束支）

↓

⑤蒲金氏纖維

心臟傳導系統

心臟之所以能夠以規律的節奏跳動，是因為有心臟傳導系統，統率心肌的跳動。

1 人體的結構

2 細胞

3 運動系統

4 呼吸系統

5 循環系統

6 消化系統與營養

5-03 供應心臟營養的冠狀動脈

升主動脈的根部分支，供應整個心臟營養

為了讓心臟能夠全年無休地持續跳動，需要提供心肌細胞足夠的氧氣與能量才行。而提供心肌細胞氧氣與能量的，就是位於心臟外側，包圍住整個心臟的**冠狀動脈**。冠狀動脈可以分成左冠狀動脈和右冠狀動脈，兩者都是從剛離開左心室的升主動脈根部分支出來的。這兩個冠狀動脈會愈分愈細，覆蓋住整個心臟，然後接上心肌內的微血管網。冠狀動脈可將氧氣與能量送至心肌細胞，二氧化碳與老舊廢物則隨著微血管的血液匯集至靜脈，然後離開心肌外壁，來到心臟的另一側，最後匯入冠狀靜脈竇，進入右心房。

冠狀動脈的各主要分支間並沒有互相接通（或稱吻合，anastomosis）。一般動脈間有時會互相接通，要是某處阻塞，可繞道其他動脈，一樣可以抵達目標細胞。但冠狀動脈要是阻塞，血液就沒辦法運送到阻塞位置後方的心肌細胞，心肌死亡，導致心肌梗塞。這種沒有互相連通的動脈又稱做**終動脈**，可以在腦、肺、腎臟等處看到。

接著來看看冠狀動脈的血流機制（下圖）。心室收縮時，血液會流進主動脈，但不會流進冠狀動脈。心室收縮結束，開始擴張時，主動脈瓣關閉，這時血液才會進入冠狀動脈。當主動脈瓣關閉，主動脈打出去的血液會施加部分壓力到主動脈瓣上，使血液送入冠狀動脈。

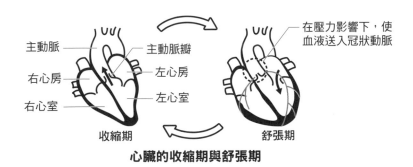

心臟的收縮期與舒張期

冠狀動脈

冠狀動脈是圍繞著心臟的血管

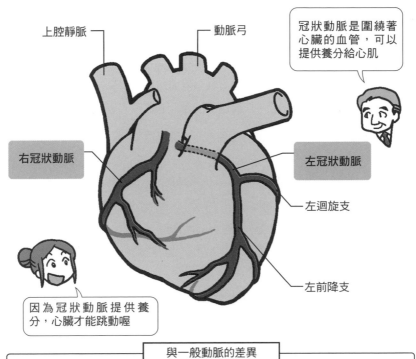

上腔靜脈 ─

動脈弓 ─

> 冠狀動脈是圍繞著心臟的血管，可以提供養分給心肌

右冠狀動脈

左冠狀動脈

左迴旋支

左前降支

> 因為冠狀動脈提供養分，心臟才能跳動喔

與一般動脈的差異

一般動脈

終動脈（冠狀動脈）

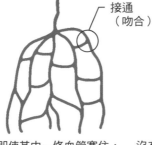

接通（吻合）

即使其中一條血管塞住，也可以經由另一條血管抵達目的地。

沒有接通，要是某處塞住，血液便無法流到下面的細胞。

終動脈的結構存在於腦、肺、腎臟等。不過冠狀動脈中，直徑100～200μm的小動脈仍有接通，故嚴格來說並不算終動脈。

1 人體的結構

2 細胞

3 運動系統

4 呼吸系統

5 循環系統

6 消化系統與營養

5-04 動脈與靜脈

動脈的血流

　　心臟用力打出去的血液所流經的血管稱做**動脈**。原則上，負責將氧氣與營養素送至全身的血管都叫做動脈，富含氧氣的血液稱做充氧血。不過動脈內的血液不一定就是充氧血。從右心室到肺的肺動脈就是一個例外，肺動脈內的血液是剛從全身循環回來、缺乏氧氣的缺氧血。

　　動脈的特徵在於血管壁較厚，富彈性。動脈血管壁可分為外膜、中膜、內膜等三層，而中膜內有一層很厚的平滑肌。拜其所賜，動脈管壁相對有彈性，可以大幅度擴張或收縮。當心臟用力送出血液，動脈可以承受這樣的壓力，使血液平順地往前流動。

靜脈的血流

　　回心臟的血液所流經的血管稱做**靜脈**。基本上，靜脈會回收全身組織的二氧化碳，這種充滿二氧化碳的血液就稱做缺氧血。原則上，靜脈內的血液是缺氧血。不過，在肺部做完氣體交換，準備流回心臟左心房的肺靜脈是個例外，肺靜脈內流的是含豐富氧氣的充氧血。

　　靜脈是接在微血管網之後的血管，至此已感覺不到動脈的血壓。靜脈血管壁與動脈一樣可分為外膜、中膜、內膜三層結構，但靜脈不像動脈般需承受強力血壓，故中層的平滑肌較薄，沒有像動脈一樣的彈性。

　　動脈會快速而主動地將血液送往全身，相對地，靜脈血液則比較像是被什麼東西推著般往前運動。上半身的血液可以在重力的協助下回到心臟，但下半身的血液需要抵抗重力才能回到心臟，故靜脈內部有靜脈瓣，可防止血液倒流。這種靜脈瓣在下肢的靜脈中特別發達。

動脈與靜脈的結構

動脈與靜脈的結構差異

1 人體的結構

2 細胞

3 運動系統

4 呼吸系統

5 循環系統

6 消化系統與營養

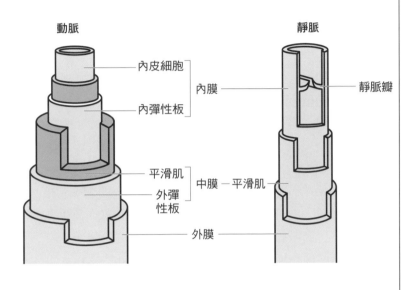

動脈與靜脈的結構

動脈

內皮細胞 ⎤
　　　　　⎬ 內膜
內彈性板 ⎦

平滑肌
外彈性板 — 外膜

靜脈

靜脈瓣

中膜－平滑肌

外膜

	動脈	靜脈
層數	三層（中膜較厚）	三層
彈性	中膜與內膜有彈性	沒什麼彈性
血液流速	快速	緩慢
截面	圓形	扁平

5-05 比毛髮還要細的微血管

不同種類的微血管結構

　　微血管直徑約為5～10μm，人類毛髮粗細大約為50～100μm，可見微血管比人類毛髮還要細。微血管的血管壁很薄，氧氣可以直接穿透血管壁到微血管外，細胞的廢物也可以直接穿透血管壁進到微血管內。

　　微血管的血管壁就像動脈內膜一樣，由一層內皮細胞像磁磚般排列而成，外面覆有一層基底膜，結構僅此而已。也就是說，微血管沒有像動脈一樣的平滑肌層。這種結構簡單的微血管稱做**連續型微血管**。在連續型微血管中，血管內物質需透過內皮細胞的膜或細胞間隙與血管外細胞交換，故只有分子較小的水、氧氣、葡萄糖等分子可以進行交換。另一方面，腎臟中製造尿液的絲球體（File 36）微血管需要讓分子量較大的分子通過，故其內皮細胞上有許多小孔洞，稱做**穿孔型微血管**。而肝臟、骨髓等部位的微血管需要讓蛋白質等大分子、甚至是整個紅血球通過，故其血管的直徑本身就比較大，內皮細胞更開有許多大洞，稱做**竇狀微血管**。

　　單一微血管相當細，遍布全身，總截面積可達2,500～3,000 cm²。血流速度與截面積成反比，截面積達數cm²的升主動脈血流速度相當快，但到了微血管，速度便會降到只剩秒速0.5～1.0 mm左右。不過，血流慢有其必要性。正因為血液在微血管內緩慢流動，血液與組織之間才能夠充分交換氧氣、二氧化碳、營養素等成分。

　　原來如此！雖然血量相同，不過當血管一直分支下去之後，截面積也會愈來愈大。而在截面積很廣的微血管內，血流速度就會變得很慢。

　　組織內的微血管呈現網狀結構。而微血管網的血流量，則是由小動脈與微血管連接處的微血管前括約肌控制。當組織代謝所產生的二氧化碳濃度變高，微血管前括約肌會舒張，增加微血管網的血流量。

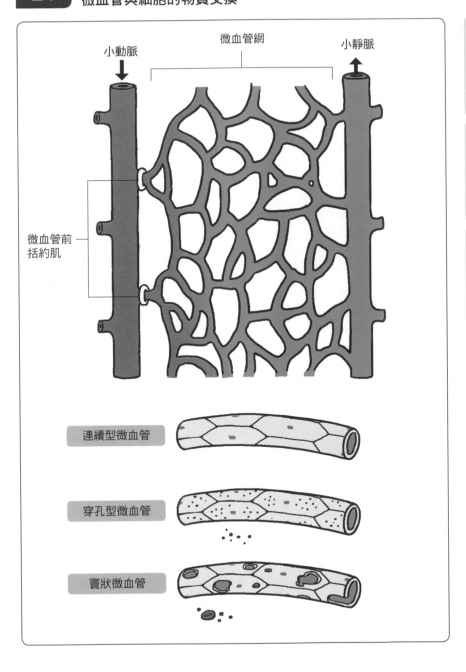

1 人體的結構

2 細胞

3 運動系統

4 呼吸系統

5 循環系統

6 消化系統與營養

5-06 心搏出量與血壓的調節

　　血壓指的是血液施加血管壁的壓力（通常是指動脈壓）。心臟收縮時，會像活塞一樣把血液打出去，而在心臟搏動的不同階段中，血液的壓力也不一樣。最高時的壓力稱做收縮壓，最低時的壓力則稱做**舒張壓**。一般而言，正常血壓在收縮期應小於130 mmHg，舒張期應小於85 mmHg。

　　心臟左心室在一次收縮中送出的血液量稱做心搏輸出量，成人的心搏輸出量約為70 mL。而一分鐘內輸出的血液量則稱做心輸出量。若一分鐘心率（安靜時）為70次，那麼心輸出量就是70 mL × 70次，約為5 L／分。

　　緊張、興奮的時候，在自律神經（交感神經）的作用下，會提升心臟的收縮力道與心率，使心輸出量增加。另外，運動也會促進交感神經興奮，增加心輸出量，以提供更多氧氣與能量給骨骼肌。相反的，我們放鬆時，則會在副交感神經的作用下，降低心率與心輸出量。另外，身體大量出血或者是脫水時，全身血液量（循環血液量）會減少，不管心臟收縮得多大力，都無法送出充足的血液，故心搏輸出量也會偏低。

　　影響血壓的因素包括前面提到的心輸出量、小動脈的收縮與擴張所造成的血液流動難度（末梢血管抵抗力）增減、循環血液量等三種。也就是說，當心率下降使心輸出量減少、小動脈擴張使末梢血管抵抗力下降、大量出血造成循環血液量下降，血壓也會跟著下降。相反的，因為興奮使心率增加、因小動脈收縮使末梢血管抵抗力上升、排尿量排汗量減少／鹽分水分攝取過多（鹽分會使血管從組織中吸收更多水分）使循環血液量上升，此時血壓便會上升。

血壓的變化

影響血壓的三個因素

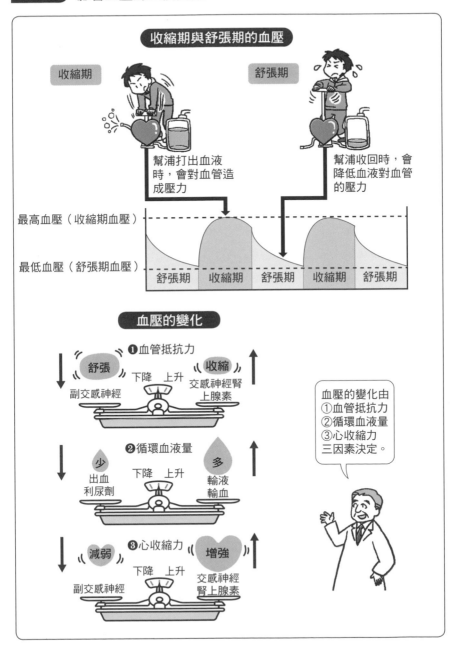

1 人體的結構

2 細胞

3 運動系統

4 呼吸系統

5 循環系統

6 消化系統與營養

5-07 淋巴系統可以監視入侵的外敵

淋巴結是人體的檢查站

　　淋巴系統由**淋巴管**與**淋巴結**組成。淋巴系統的工作是檢查在淋巴管內流動的淋巴液是否有細菌、病毒、癌細胞等危險的異物侵入。一旦發現入侵者，就會立刻開始攻擊，盡可能排除這些異物。

　　淋巴液原本是血液的液體成分——血漿的一部分。全身組織中的小動脈與微血管會流出一部分的血漿浸潤在組織的細胞與細胞之間，稱做**組織液**（間質液）。血管會慢慢滲出血漿成為組織液，大部分的組織液會被靜脈回收，約有10%左右的組織液會被淋巴管回收。換言之，淋巴液就是由淋巴管回收的組織液。淋巴系統由微淋巴管末梢出發，最後與左右鎖骨下方的靜脈匯合，是一個只有回程的循環。多數情況下，淋巴液的流動方向與重力相反，故淋巴管內有著類似於靜脈瓣的瓣膜，防止淋巴液倒流。

　　在肢體交接處及內臟周圍都可以看到淋巴結。淋巴結的大小從1 mm到25 mm都有，頸部、腋下、腹部、鼠蹊部的地方淋巴結特別多。淋巴結是檢查淋巴液內是否有細菌等外敵，並加以排除的檢查站。淋巴液會經由**輸入淋巴管**注入淋巴結，在名為**淋巴竇**的空間內緩慢流動。**淋巴小結**內有淋巴球與巨噬細胞等白血球，可以監視淋巴液內是否有入侵者，若發現入侵者便會吞噬，或者釋放出可做為武器的抗體進行攻擊（File 61）。而處理完入侵者的淋巴液便會經由輸出淋巴管離開淋巴結（File 61）。即使入侵者逃過一個淋巴結的檢查，之後還有多個淋巴結在等待。

 淋巴系統就像是淘汰不良產品的裝置呢。

 沒錯。淋巴液就像抽取血液的樣品，藉由檢查樣品發現入侵者，可以提升身體防禦的效率。

全身的淋巴系統

淋巴結與淋巴液

主要淋巴結的位置

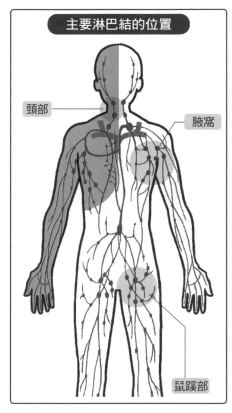

頸部

腋窩

鼠蹊部

淋巴結結構

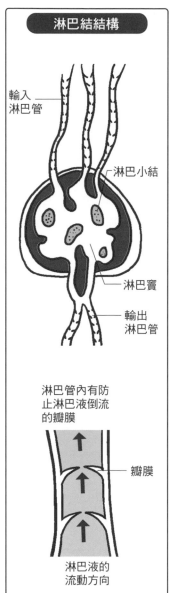

輸入淋巴管

淋巴小結

淋巴竇

輸出淋巴管

淋巴管內有防止淋巴液倒流的瓣膜

瓣膜

淋巴液的流動方向

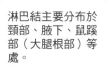
淋巴結主要分布於頸部、腋下、鼠蹊部（大腿根部）等處。

血液循環的相關詞彙為何很多？

在心臟收縮與舒張等幫浦般的運動之下，血液才得以循環。不過除了心臟，重力也會影響血液流動。在重力的影響下，（站著的時候）做為液體的血液會被拉向地面，也就是被拉向我們的雙腳。因此，與下半身的靜脈血相比，上半身的靜脈血在重力的幫助下，較容易回到心臟。高舉雙手的時候，也會促使雙手的靜脈血回到心臟。當個體得到某些疾病而使心臟的幫浦功能衰弱，便稱做心功能不全。當個體有鬱血性心功能不全，靜脈血會停留在雙腳，造成雙腳水腫。而當個體想要將動脈血送到心臟上方的部位（頭部等），需要輸出很大的力量以對抗重力。脖子比人類長很多的長頸鹿需要產生比重力還大很多的推力，才能把血液送到比心臟高很多的頭部，故其血壓（動脈壓）也相當高。當有人因為某些原因使血壓下降，造成頭部的血液量變少、意識不清，需將頭部降到與心臟同高的位置，也就是躺下，才能恢復。

在醫療現場為重症患者診斷時，常會用到「生命跡象」這個詞，英語稱做vital sign。這是判斷有意識障礙的患者是否有生命危險的客觀標準。生命跡象可以由四種身體狀況進行判斷，分別是體溫、血壓、脈搏、呼吸。其中，血壓與脈搏皆由循環系統產生。換言之，循環系統可說是與性命直接相關的系統，因為血液循環承擔著「將氧氣送至體內各個細胞」的重責大任。也因此，用來表達身體狀況的敘述中，有許多與血液或循環有關的表現方式，譬如熱血沸騰、血氣方剛、血氣暢通、腦充血、面無血色等等。

第 **6** 章

消化系統與營養

　　我們可以從食物中獲得養分，藉此成長茁壯。食物可以轉變成能量與新細胞的材料。身體有一套機制可以進行這樣的轉換工作，而這些轉換工作的舞台，就是一條從口腔到肛門，約8m的管子。

　　轉換過程可以分成消化、吸收、代謝三個階段。讓我們一起來看看將食物轉換成能量與新細胞的過程吧。

你的後面是誰呢？

澱粉？

1 消化系統的全貌

貫穿身體的一條管道，以及幫助消化的重要器官

食物從口腔進入，成為糞便後從肛門排出，這個過程中通過的管道叫做**消化道**。消化道由單一管道構成，從口腔開始，經過咽、食道後進入胃，接著通過小腸、進入大腸，然後經由直腸抵達肛門。由於消化道與外部相通，故管中棲息著許多細菌。

人體會分泌消化液來消化食物，因此**膽囊、胰臟、肝臟**等分泌、釋出消化液至消化道的器官亦屬於消化系統。其中肝臟也會蒐集由消化道所吸收的營養素，以其為材料製作出身體需要的物質，或者將這些營養素儲藏起來，必要時再拿出來送至全身細胞，可說是人體的化學工廠。

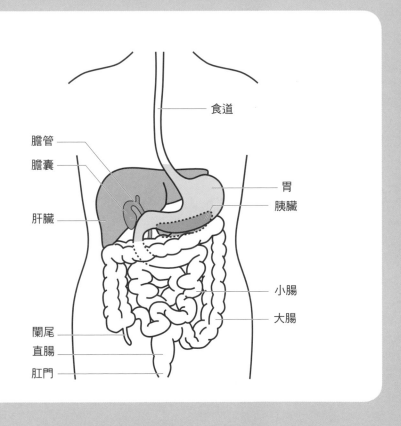

食道
膽管
膽囊
肝臟
胃
胰臟
小腸
大腸
闌尾
直腸
肛門

2 肝臟與肝門靜脈

收集營養素的血管網

肝門靜脈匯集來自腸胃的血液，收集腸胃吸收的各種營養素之後注入肝臟，又叫做門靜脈。有時血液經過動脈→微血管→靜脈之後，會再一次進入微血管，此時介於前後微血管的靜脈就稱做門靜脈。這種結構亦出現於腦下垂體（腦下垂體門靜脈），不過，肝臟的肝門靜脈規模較龐大，角色也比

較重要，故提到門靜脈時，指的通常是肝門靜脈。

肝門靜脈在進入肝臟之後會慢慢分成許多小靜脈，成為微血管網，遍布整個肝臟，將來自腸胃的營養素送至肝臟細胞。接著微血管逐漸聚集，愈來愈粗，最後形成三條**肝靜脈**（左、中、右肝靜脈），與肝臟另一側的下腔靜脈匯合。

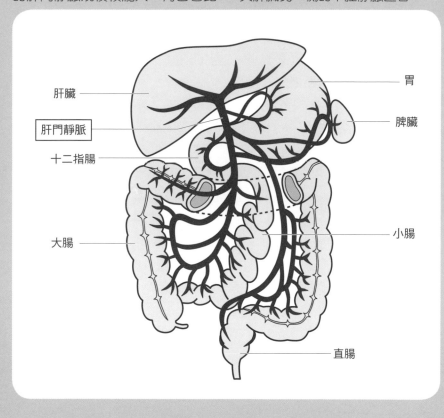

肝臟

肝門靜脈

十二指腸

大腸

胃

脾臟

小腸

直腸

6-01 牙齒、舌頭、唾液的功能

口腔的工作是將食物變成小塊，並與唾液充分混合

就像粉狀洗衣粉比塊狀肥皂容易溶解一樣，想要有效率地消化、吸收食物，就必須注重「分解」的過程。而第一個可以幫助食物分解的器官就是**口腔**。

口腔是食物與飲料進入身體的入口，是嘴巴的空間。我們會以口腔的牙齒嚼碎食物、並以唾液攪拌混勻，將食物處理成可以吞下的狀態，使腸胃能更有效率地消化這些食物。以牙齒咬食物稱做**咀嚼**。為了讓胃液更容易消化食物，咀嚼可說是相當重要的工作。而且咀嚼食物、享受食物口感對人類來說也是件很重要的事。咀嚼時，需張開下顎，使之與上顎接觸，或者是使下顎橫向移動。咀嚼時會用到的骨骼肌統稱為**咀嚼肌**，包括位於臉頰的嚼肌，位於雙耳上方的顳肌，位於顎內側的**外翼肌、內翼肌**等。

把食物送入口中，感受到食物的香氣時，**唾腺**就會開始分泌唾液。主要的唾腺位於耳朵斜前下方的腮腺、位於舌根部分的舌下腺等。唾液有軟化食物的功能，可以幫助咀嚼，方便**吞嚥**食物。

唾液內含有可以將澱粉分解成麥芽糖的澱粉酶，是一種消化酶。不過，要是咀嚼食物的時間過短，便沒辦法分解太多澱粉。也就是說，咀嚼食物愈久，澱粉酶就能夠分解愈多食物中的澱粉，使我們能感覺到麥芽糖的甜味。

舌頭的運動也很重要，舌頭本身就是一塊骨骼肌，在舌頭的靈巧運動之下，可以將食物一波波地推至牙齒上嚼碎。

File 24　「口腔」有助食物分解

從咀嚼到吞嚥的過程

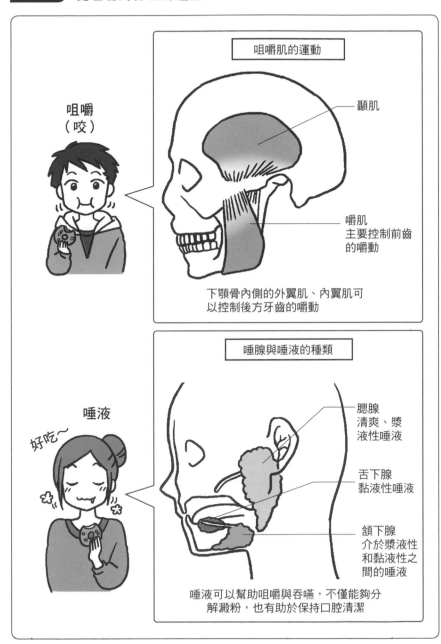

咀嚼肌的運動

咀嚼
（咬）

顳肌

嚼肌
主要控制前齒
的嚼動

下顎骨內側的外翼肌、內翼肌可
以控制後方牙齒的嚼動

唾腺與唾液的種類

唾液

好吃～

腮腺
清爽、漿
液性唾液

舌下腺
黏液性唾液

頜下腺
介於漿液性
和黏液性之
間的唾液

唾液可以幫助咀嚼與吞嚥，不僅能夠分
解澱粉，也有助於保持口腔清潔

1 人體的結構

2 細胞

3 運動系統

4 呼吸系統

5 循環系統

6 消化系統與營養

空氣與食物進入人體的
路徑不同

區隔空氣與食物路徑的重要蓋子

接著來看看咽喉的結構，以及空氣與食物通過這裡時的路徑。空氣從鼻子進入，通過鼻腔、口腔深處，然後在喉的前端——喉頭進入氣管。也就是說，空氣與食物的路徑會在這裡交叉。因此，喉頭有一個特殊裝置，吞嚥時這個裝置會蓋住氣管，使食物不會跑到氣管內。這個裝置叫做**會厭**。

吞嚥可分為**口腔期、咽喉期、食道期**三個階段。

首先，想要吞下食物或液體時，會先由舌頭將這些東西攪拌成一團，送至咽部（口腔期）。食物碰到咽內壁時，會刺激腦幹的吞嚥中樞，引起吞嚥反射。吞嚥反射時，舌頭會往上頂到上顎，上顎後方的軟顎會貼上後方的咽內壁，堵住食物返回口腔或進入鼻腔的路徑。接著喉部的舌骨與下方的甲狀軟骨會提起，使會厭往後倒，蓋住通往氣管的通道（咽喉期）。

食物進入食道之後，食道會藉由**蠕動運動**將食物慢慢推向胃（食道期）。進入這個階段後，前面提到蓋住氣管的會厭會回復到原來的位置，重新打開氣管的通道。

如果食物誤入氣管，就是所謂的「**誤嚥**」。吞嚥功能會隨著年紀增長而衰退，當老年人出現誤嚥狀況，可能會使細菌與食物一起進入肺部，引起肺炎（誤嚥性肺炎），對健康狀態會產生很大的影響。

 原來我們會在無意識中控制空氣和食物走不同的路徑啊。

吞嚥的機制

食物進入胃之前的過程

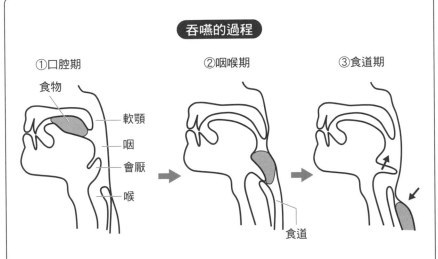

吞嚥的過程

①口腔期

食物
軟顎
咽
會厭
喉

舌頭將食物攪拌
成一團,送至後
方的咽。

②咽喉期

食道

食物碰到咽的內壁,引
起吞嚥反射,會厭向下
蓋住呼吸道。

③食道期

食道的蠕動可將
食物送至胃。

什麼是蠕動

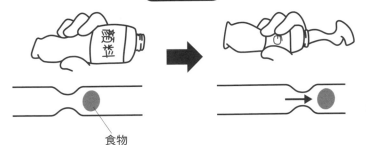

食物

 蠕動時,食物後方的消化道會收縮,使食物慢慢前進。蠕動在整段
消化道的每個地方都可看到。不管是躺著還是倒立,食道都可以藉
由蠕動將食物送至胃。

1 人體的結構

2 細胞

3 運動系統

4 呼吸系統

5 循環系統

6 消化系統與營養

6-**03**　胃的強酸環境

蠕動與胃液讓食物變得黏稠

　　食物經食道穿過橫膈膜位置，會進入一個相對廣大的空間，也就是胃。胃的入口是**賁門**，出口是**幽門**，兩者都有括約肌，可以控制出入口的開闔。

　　食物會在胃部待上一段時間，並在胃的蠕動與胃液的作用下變得黏稠。食物平均會在胃停留2～4小時（停滯時間），如果食物中含有較多蛋白質或脂質，會停留得更久。

　　若胃內有食物，胃會進行強烈的蠕動，像是從外側擠壓揉捏胃內容物般，使食物與胃液充分混合。

　　胃液含有非常強的鹽酸，以及可以分解蛋白質的消化酶——胃蛋白酶，不僅可以消化食物，還可以溶解一起進入胃內的細菌。看到這裡，不知道各位會不會想問：如果胃液的威力那麼強，為什麼不會溶解胃黏膜呢？胃液當然不會溶解胃黏膜，這是因為胃黏膜會分泌黏液，覆蓋住整個胃內壁，使胃內壁不會直接接觸到胃液。胃黏膜的黏液與秋葵及昆布表面的黏液類似，都含有一種叫做黏液素（Mucins）的物質。

　　這些胃液與黏液都是由遍布整個胃部的無數個**胃腺**所分泌的。胃腺包含三種外分泌細胞，由淺到深分別是黏液細胞、壁細胞、主細胞。黏液細胞會分泌黏液，覆蓋整個胃黏膜的表面。主細胞會分泌胃蛋白酶原，胃蛋白酶原接觸到胃壁細胞分泌的鹽酸後，會轉變成胃蛋白酶，開始分解蛋白質。

 我們將在 P.96 說明蛋白質的分解，詳述蛋白質從消化到吸收的過程。

胃的結構與功能

胃壁的作用機制與蠕動

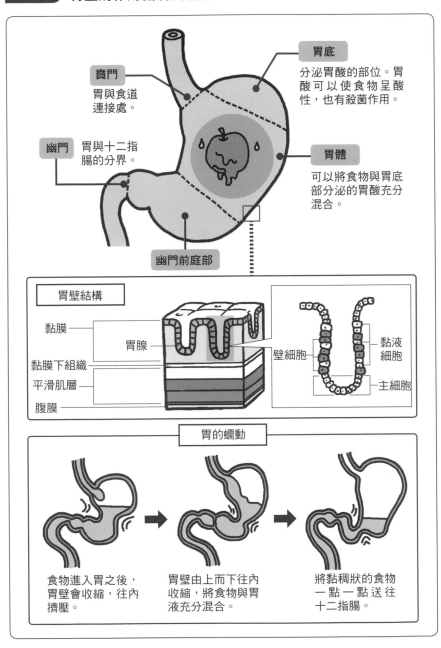

胃底

分泌胃酸的部位。胃酸可以使食物呈酸性,也有殺菌作用。

賁門

胃與食道連接處。

幽門

胃與十二指腸的分界。

胃體

可以將食物與胃底部分泌的胃酸充分混合。

幽門前庭部

胃壁結構

黏膜

胃腺

黏膜下組織

平滑肌層

腹膜

壁細胞

黏液細胞

主細胞

胃的蠕動

食物進入胃之後,胃壁會收縮,往內擠壓。

胃壁由上而下往內收縮,將食物與胃液充分混合。

將黏稠狀的食物一點一點送往十二指腸。

1 人體的結構

2 細胞

3 運動系統

4 呼吸系統

5 循環系統

6 消化系統與營養

6-04 十二指腸是消化中心

膽汁與胰液注入十二指腸

　　十二指腸是小腸的一部分，食物從胃的幽門出來之後，馬上進入十二指腸。不過，十二指腸不只是胃與小腸間的通道，而是消化系統中功能特別多樣的一段，在消化作用中扮演非常重要的角色。

　　首先，從胃的幽門進來的黏稠狀內容物會緩緩進入十二指腸，接著來自膽囊的**膽汁**與來自胰臟的**胰液**也會陸續注入十二指腸。膽汁可以幫助食物中的脂質消化（File 29），而胰液則是威力強大的消化液，含有各種消化酶，可分別消化醣類、脂質、蛋白質三大營養素（File 28）。另外，膽汁與胰液是鹼性，可中和從胃流進來的酸性食團。食團的酸性被中和之後，就不會傷害到腸道的腸壁。

　　膽囊可以儲存由肝臟製造的膽汁，在膽汁產生作用前，膽囊會持續濃縮膽汁。胰液由胰臟製造，再由位於胰臟中心部分的主胰管收集並分泌。肝臟和胰臟會持續製造膽汁和胰液，但膽汁和胰液並不會持續不斷注入十二指腸。當胃與十二指腸之間沒有任何食物通過，位於**十二指腸乳頭**（File 27）的括約肌（歐蒂氏括約肌）會緊緊收縮，封住開口，使膽汁和胰液不會流入十二指腸。那麼，什麼情況下，膽汁和胰液才會送入十二指腸呢？就是當十二指腸的黏膜所分泌的激素——膽囊收縮素（又叫促胰酶素）發揮作用的時候。

　　當來自胃的食物進入十二指腸，與十二指腸的黏膜接觸，黏膜上的特殊細胞會開始分泌膽囊收縮素。膽囊收縮素會促進膽囊收縮，並使歐蒂氏括約肌舒張，於是膽汁和胰液便送入了十二指腸。

　　腸胃的黏膜可以分泌促進腸胃活動或促進消化液分泌的激素，也可分泌抑制其活動的激素。除了上面提到的激素，還有能夠促進胃液分泌的胃泌素、促進胰液分泌的胰泌素等。

十二指腸是功能變化多端的消化器官

十二指腸就像消化系統的絲路

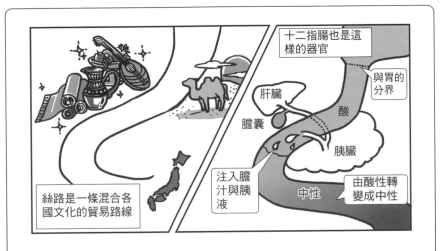

十二指腸消化食物的反應與功能

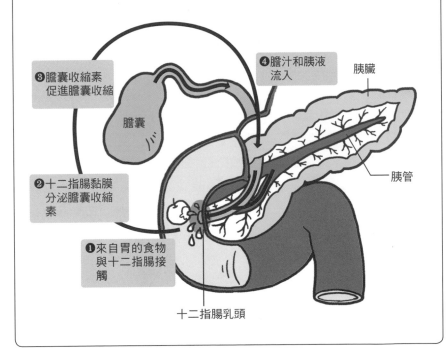

1 人體的結構
2 細胞
3 運動系統
4 呼吸系統
5 循環系統
6 消化系統與營養

6-05 胰臟分泌強力消化液

胰臟隱藏在胃的後方，是一個細長的內臟，分泌含有多種消化酶的胰液。胰臟所分泌的胰液會透過主胰管注入十二指腸。不僅可在十二指腸中和來自胃的酸性黏糊食物團，也可消化多種營養素。

人類可以當作能量來源的營養素有三種，分別是醣類、蛋白質、脂質，又稱做三大營養素，這三種營養素都可以被胰液消化。胰液包含可以分解醣類的澱粉酶，可以分解蛋白質的胰蛋白酶／胰凝乳蛋白酶，可以分解脂質的胰脂酶等。

雖然胰液可以消化多種營養素，卻沒辦法將醣類與蛋白質完全消化成小分子。真正能做到這點的，是為消化作用畫上句點的腸液（File 32）。胰液的消化作用可以說是腸液的前置工作。反過來說，要是沒有胰液，腸液便沒辦法完全發揮作用，使我們無法完全吸收食物中的營養。

胰液是由占整個胰臟90%，名為**腺泡**的組織分泌的。聚集成球狀的腺泡細胞，會將胰液分泌至腺泡中心的導管，接著這些導管陸續匯合，愈來愈粗，最後集中成**主胰管**。既然胰液是很強的消化液，那為什麼胰液不會分解主胰管與其他導管呢？事實上，如果主胰管等導管塞住無法釋出胰液，累積在胰臟內的胰液便會開始分解胰臟本身，引起激烈腹痛，嚴重時還可能因急性胰臟炎而導致死亡。而胰液的導管、主胰管等導管管壁細胞會分泌含有黏液素的黏液，就像胃部的黏液一樣，可以保護管壁內側，使胰液不會直接接觸導管內壁。另外，胰液中的消化酶只有在分泌至十二指腸，與腸液消化酶作用之後，才會被活化而開始有消化功能。

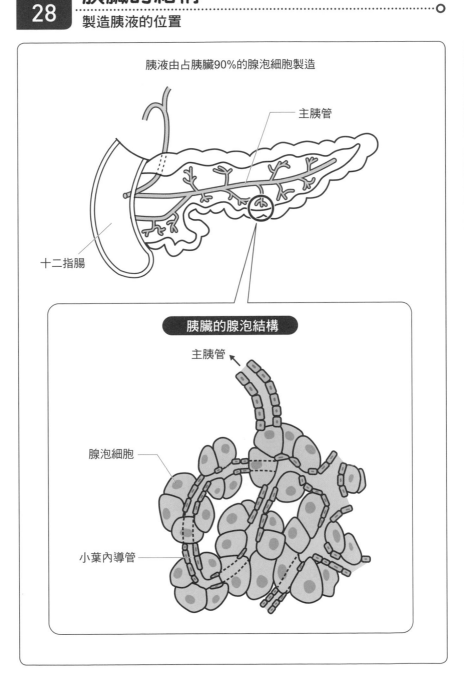

胰臟的結構

File 28

製造胰液的位置

胰液由占胰臟90%的腺泡細胞製造

主胰管

十二指腸

胰臟的腺泡結構

主胰管

腺泡細胞

小葉內導管

1 人體的結構

2 細胞

3 運動系統

4 呼吸系統

5 循環系統

6 消化系統與營養

6-06 有助吸收脂質的膽汁

膽囊可以濃縮膽汁

膽囊位於肝臟下方，是一個茄子狀的袋子。「囊」就是袋子的意思，除了膽囊，男性還有名為陰囊的部位，是裝著睪丸的袋子。膽囊的工作是儲存肝臟製造的膽汁，並持續濃縮這些膽汁。直到有食物通過腸道時，膽囊才開始收縮，將膽汁分泌至十二指腸。

肝臟會一點一點地製造膽汁，然後透過位於肝臟下方的總肝管釋出。這時候如果十二指腸乳頭的歐蒂氏括約肌關閉，膽汁就無法進入十二指腸，而是會進入膽囊儲存。當十二指腸的黏膜接觸到來自胃的食物，黏膜會分泌膽囊收縮素（促胰酶素），促使歐蒂氏括約肌打開、膽囊收縮，使膽汁注入十二指腸。前面（File 27）曾說明過這個過程，不妨復習確認一下。

膽汁常被視為一種消化液，但實際上膽汁內並不含消化酶。膽汁內含有膽汁酸、磷脂、膽紅素等物質，有助脂質的消化。舉例來說，拉麵湯的表面常會浮著數mm～數cm的油滴，吃下拉麵的時候，麵和蛋會在胃裡面變成黏稠狀，雖然油在胃中會變小成1/100 mm以下的油滴，卻不是真正被消化。胰液中的脂質分解酶——胰脂酶無法直接消化那麼大的油滴。這時就輪到膽汁登場，膽汁中的膽汁酸與磷脂可以將油滴變得更小，成為1/10μm以下的極小油滴，並包覆住這些小油滴，使胰脂酶能夠直接消化脂質。這些小油滴又稱做微膠粒，而從油粒變成微膠粒的過程則稱做**乳化**。

膽紅素是肝臟破壞老舊紅血球，分解出其中的血紅素，並拿掉鐵原子等可再利用的成分後形成的物質。膽紅素是一種黃色色素，也是大便的顏色成因。有人說膽紅素有抗氧化作用，膽汁的其他作用則尚不明確。

膽汁有助分解脂肪

膽汁可以幫助消化脂質

沙拉醬的成分包括油和水，

油
水

然而不管我們花多大力氣混合油水…

靜置一陣子之後又會油水分離。

但是…

製作沙拉醬時…

還會加入蛋黃，

蛋黃的卵磷脂可以當作乳化劑…

經乳化作用，可以讓油水合而為一。

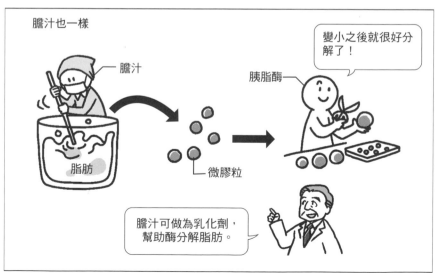

膽汁也一樣

膽汁

脂肪

微膠粒

胰脂酶

變小之後就很好分解了！

膽汁可做為乳化劑，幫助酶分解脂肪。

1 人體的結構

2 細胞

3 運動系統

4 呼吸系統

5 循環系統

6 消化系統與營養

6-07 小腸的功能

　　十二指腸之後的小腸還可分為前後兩段，前三分之二稱為**空腸**，剩下則是**迴腸**。空腸與迴腸之間沒有明確的界線，不過這兩段小腸還是有各自的明確特徵。空腸較粗，有發達的平滑肌以進行蠕動，活動頻繁，內容物的前進速度較快。屍體解剖中，小腸的這個部分通常是空的，故命名為空腸。迴腸各處都可以看到名為**派氏結**的組織，是迴腸的一大特徵。派氏結是白血球中淋巴球聚集而成的塊狀組織，負責監視是否有病毒或其他異物逃過胃液攻擊來到小腸，並排除異物。

　　小腸長度約為6 m，不過負責吸收營養的黏膜表面積卻可達200 m²。小腸之所以能有這麼大的表面積，是因為黏膜內側有許多**環狀皺襞**，這些環狀皺襞的表面有許多長約1 mm的絨毛。這些絨毛表面布滿營養吸收細胞，上面有許多長約1μm的微絨毛，一個營養吸收細胞上約有1,000個微絨毛。

　　空腸與迴腸是吸收食物營養的中心。要是沒有小腸，吃再多食物都沒辦法吸收其中的營養素，進而造成嚴重的營養失調。

　　空腸與迴腸的黏膜會分泌消化液，也就是腸液。腸液並不像胰液或膽汁那樣由特定位置注入，而是可以從黏膜的許多位置排出。營養物質已在十二指腸中消化了大半，腸液則負責將這些物質全部分解成能被吸收的小分子（營養素的消化、吸收過程可參考File 32～34）。這些分解成小分子的營養素會被營養吸收細胞吸收，經由血管、淋巴管送至肝臟。

小腸的結構

為了吸收更多營養而精心設計的小腸黏膜

1 人體的結構

2 細胞

3 運動系統

4 呼吸系統

5 循環系統

6 消化系統與營養

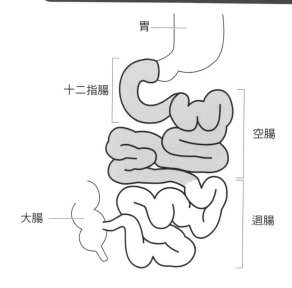

小腸由十二指腸、空腸、迴腸等三個部分構成

胃

十二指腸

空腸

大腸

迴腸

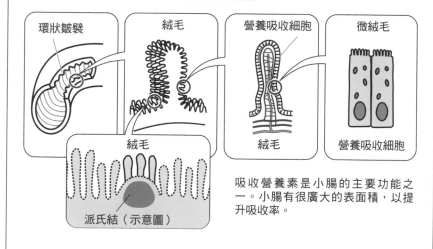

小腸內部

環狀皺襞　絨毛　營養吸收細胞　微絨毛

絨毛　營養吸收細胞

絨毛

派氏結（示意圖）

吸收營養素是小腸的主要功能之一。小腸有很廣大的表面積，以提升吸收率。

6-08 健康排便的最後一步

製造維生素的腸內細菌棲身之處

迴腸末端連接位於腹部右下側的大腸。大腸在繞行腹部一圈之後，便會抵達消化道的出口——肛門。大腸就像一個脫水機，食物在小腸中消化、吸收完畢後的黏稠物質進入大腸後，大腸會持續吸收這些物質的水分，最後形成塊狀的糞便。小腸吸收完營養素之後，剩下來的東西似乎已無任何用處，然而其中仍含有大量水分，而水分也是人體必需的物質，故大腸的任務就是把剩下的水分回收乾淨，只留下完全無法再利用的殘渣，也就是糞便。

排出塊狀糞便而非黏稠狀糞便還有其他優點，其中之一就是可以減少排便次數，也不會使糞便到處亂撒。以和人類同樣是哺乳類的草食動物為例，假設牠們一天之內排出許多黏稠狀糞便，會在許多地方留下自己的味道，增加自己被天敵襲擊的機率，所以哺乳類動物的糞便多為固態塊狀。順帶一提，鳥類看到敵人之後可以馬上飛起逃走，即使糞便引來天敵也沒有關係，所以鳥類一天內會多次排出含有水分的糞便。

整個大腸內約有100兆個細菌，糞便約有一成是**腸內細菌**與其屍體。

腸內細菌除了會引起腸胃炎等疾病的大腸桿菌、金黃色葡萄球菌等壞菌，還有可幫助排便、製造維生素B群／維生素K，對人體有益的好菌，如乳酸菌等。另外，腸道內也存在著不太會對人體造成影響的中間菌。當這些細菌的勢力保持平衡，並不會對人體造成什麼問題，但如果生活習慣不良，或者出現造成壞菌勢力擴大的原因，可能會引起腹瀉或腹痛等問題。

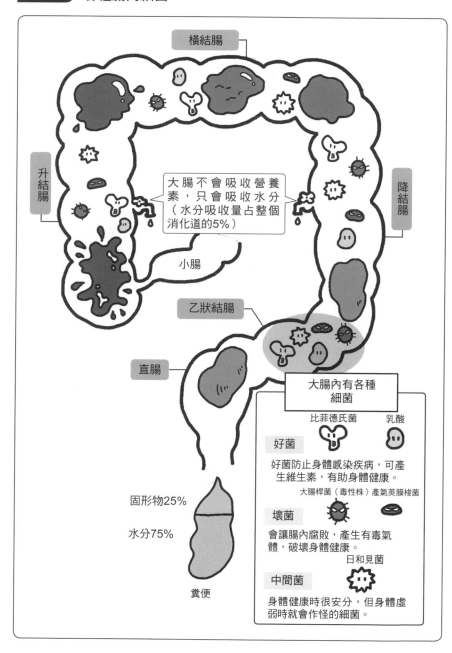

橫結腸

升結腸

降結腸

大腸不會吸收營養素，只會吸收水分（水分吸收量占整個消化道的5%）

小腸

乙狀結腸

直腸

固形物25%

水分75%

糞便

大腸內有各種細菌

比菲德氏菌　　乳酸

好菌
好菌防止身體感染疾病，可產生維生素，有助身體健康。

大腸桿菌（毒性株）產氣莢膜梭菌

壞菌
會讓腸內腐敗，產生有毒氣體，破壞身體健康。

日和見菌

中間菌
身體健康時很安分，但身體虛弱時就會作怪的細菌。

1 人體的結構

2 細胞

3 運動系統

4 呼吸系統

5 循環系統

6 消化系統與營養

6-09 醣類的消化、吸收、代謝

醣類是最易利用的能量來源

　　醣類包括最小單位的**葡萄糖**（glucose）、**果糖**（fructose）、**半乳糖**（galactose）等**單醣**；由兩個單醣分子組成的**雙醣**；以及由多個單醣分子組成的**多醣**等。雙醣包括由葡萄糖與果糖所組成的蔗糖（sucrose）、由兩個葡萄糖所組成的麥芽糖（maltose）等。咖啡等飲料內加的砂糖就是蔗糖。馬鈴薯等食物內的澱粉、肝臟與肌肉內儲存的肝糖等，都是由許多葡萄糖分子組成的多醣。

　　醣類可被唾液與胰液內的澱粉酶，以及腸液內的麥芽糖酶等酶分解，直到被分解成單醣時，小腸才有辦法吸收。因此，和分子大、需要較多工夫消化的澱粉相比，分子小的蔗糖（砂糖）與葡萄糖相對容易被身體吸收。攝取過多糖也是罹患糖尿病的重要原因之一，吃下含有大量糖的食物時，血糖會迅速飆高，使糖尿病的病情惡化。

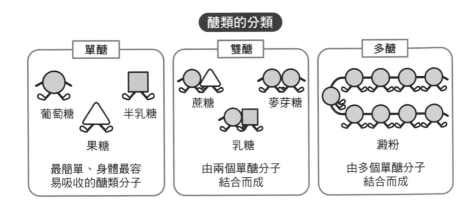

醣類的分類

單醣	雙醣	多醣
葡萄糖　　半乳糖 果糖	蔗糖　　麥芽糖 乳糖	澱粉
最簡單、身體最容易吸收的醣類分子	由兩個單醣分子結合而成	由多個單醣分子結合而成

　　許多穀物與根莖類作物含有大量醣類，是最容易取得的能量來源。1 g 的醣類可產生 4 kcal 的能量。

消化醣類的消化酶與器官

醣類的分解與吸收

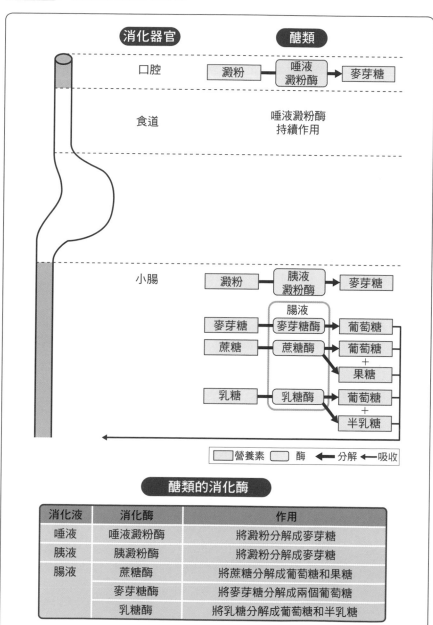

1 人體的結構

2 細胞

3 運動系統

4 呼吸系統

5 循環系統

6 消化系統與營養

消化器官　　　　　醣類

口腔　　　　澱粉 → 唾液澱粉酶 → 麥芽糖

食道　　　　唾液澱粉酶持續作用

小腸　　　　澱粉 → 胰液澱粉酶 → 麥芽糖

腸液
麥芽糖 → 麥芽糖酶 → 葡萄糖
蔗糖 → 蔗糖酶 → 葡萄糖 + 果糖
乳糖 → 乳糖酶 → 葡萄糖 + 半乳糖

☐營養素　☐酶　← 分解　← 吸收

醣類的消化酶

消化液	消化酶	作用
唾液	唾液澱粉酶	將澱粉分解成麥芽糖
胰液	胰澱粉酶	將澱粉分解成麥芽糖
腸液	蔗糖酶	將蔗糖分解成葡萄糖和果糖
	麥芽糖酶	將麥芽糖分解成兩個葡萄糖
	乳糖酶	將乳糖分解成葡萄糖和半乳糖

蛋白質的消化、吸收、代謝

分解成胺基酸後再吸收,做為製造蛋白質的原料

蛋白質是由數十個至數百萬個胺基酸所組成的大分子。胺基酸的定義是「有羧基(-COOH)與胺基(-NH$_2$)的有機化合物」,這個定義稍嫌複雜,請各位先記得胺基即可。人類可利用的胺基酸共有20種,其中9種(小孩是10種)人體無法合成,必須由食物中取得,又稱做**必需胺基酸**。

肉、魚、乳製品、大豆製品等食物中都含有豐富的蛋白質。蛋白質種類繁多,結構相當複雜,消化蛋白質相當費工夫。消化道從十二指腸起才真正開始消化醣類與脂質,不過從胃就已開始消化蛋白質,可見蛋白質有多難消化。

吃下蛋白質時,胃液中的胃蛋白酶會將蛋白質分子大略切成10～50個胺基酸連接而成的大分子(稱做多肽鏈)。接著在十二指腸內,胰液的胰蛋白酶等消化酶會將多肽鏈切成由三個胺基酸構成的寡肽鏈。然後在小腸,腸液的胺肽酶等消化酶會切得更小,變成由兩個胺基酸組成的雙肽,以及單一胺基酸。小腸的營養吸收細胞可以吸收雙肽與胺基酸。細胞吸收雙肽後,會再分解成胺基酸,然後所有胺基酸會一起從肝門靜脈進入肝臟。

被身體吸收的胺基酸可以做為材料,用來製造身體所需的各種蛋白質,像是皮膚的膠原蛋白、紅血球中搬運氧氣的血紅素等。另外,胺基酸經過加工,還可進入檸檬酸循環,成為細胞能量的來源。每攝取1 g蛋白質可以得到4 kcal的能量。不過,燃燒蛋白質時,胺基酸的胺基(-NH$_2$)會轉變成對人體有害的氨(NH$_3$)。肝臟可將氨轉變成相對較無害的尿素,並經由腎臟形成尿液排出。

消化蛋白質的消化酶與器官
蛋白質的分解與吸收

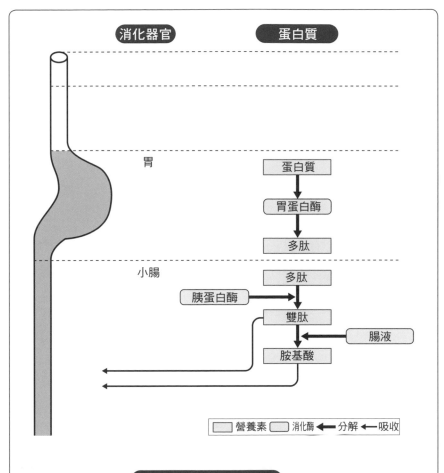

1 人體的結構

2 細胞

3 運動系統

4 呼吸系統

5 循環系統

6 消化系統與營養

蛋白質的消化酶

消化液	消化酶	作用
胃液	胃蛋白酶	將蛋白質分解成多肽鏈
胰液	胰蛋白酶、胰凝乳蛋白酶	將蛋白質與多肽鏈分解成雙肽或胺基酸
腸液	胺肽酶、雙肽酶	將肽鏈分解成雙肽或胺基酸

6-11 脂質的消化、吸收、代謝

脂質是人體不可或缺的物質

　　脂質就是我們平常說的脂肪或油，包括肉類脂肪，芝麻油或橄欖油等植物油，奶油等乳脂肪產品皆屬之。食物中的脂質大多是由**甘油**及三個脂肪酸結合而成的**中性脂肪**，也稱做**三酸甘油酯**。除了三酸甘油酯，脂質還包括**膽固醇**、**磷脂**等物質。

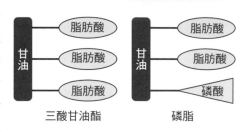

三酸甘油酯　　　　　磷脂

　　1 g的脂質可以產生9 kcal能量，比醣類和蛋白質可以產生的能量還要多。因此脂質可以說是很適合用來儲存能量的物質。若攝取過多醣類和蛋白質，就會轉變成脂質，以體脂肪的形式儲存起來。在沒辦法獲得食物的時候，可藉由燃燒體脂肪產生能量，對於無法時常獲得食物的生物來說，這種機制相當重要。不過現代人反而更應該擔心肥胖與代謝症候群造成的健康問題。

　　雖然很多人討厭脂質，但脂質卻是人體必要的物質。例如一種叫做類固醇的脂質，就是細胞膜與一些激素的材料；而維生素A與維生素D等脂溶性維生素，需要和脂質一起攝取才能充分被吸收。因此，減肥不能完全不攝取脂質，這樣有害身體健康。

　　食物中的脂質會在十二指腸內被膽汁乳化（File 29），胰液的胰脂酶會再將三酸甘油酯分解成甘油與脂肪酸，接著由小腸的營養吸收細胞吸收。脂質被吸收之後，一部分脂質會經由肝門靜脈進入肝臟，部分則會進入淋巴管。

　　脂質會隨著血液送至全身，但因為脂質不溶於水，故無法以原本的樣子存在於血液中。血液中的一些蛋白質與磷脂分子同時具有親水部分（親水性）與親油部分（親油性），可包裹三酸甘油酯或膽固醇等脂質分子，形成粒子狀結構，又稱做**脂蛋白**。

消化脂質的消化酶與器官
脂質的分解與吸收

1 人體的結構

2 細胞

3 運動系統

4 呼吸系統

5 循環系統

6 消化系統與營養

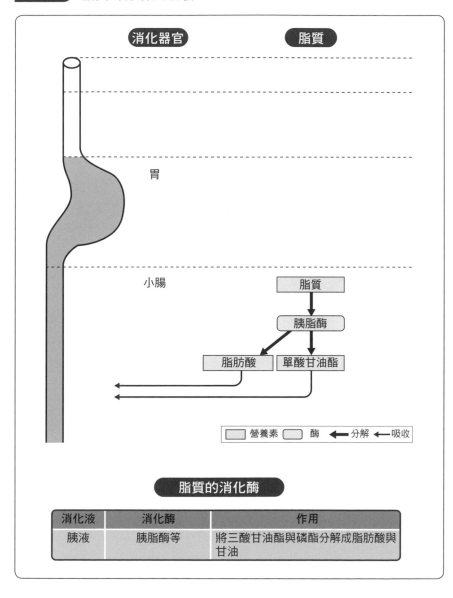

消化器官　　　脂質

胃

小腸

脂質

胰脂酶

脂肪酸　　單酸甘油酯

營養素　　酶　　分解　　吸收

脂質的消化酶

消化液	消化酶	作用
胰液	胰脂酶等	將三酸甘油酯與磷酯分解成脂肪酸與甘油

舉例來說，脂蛋白中的 HDL 可回收全身的膽固醇，有防止動脈硬化的功能，被認為是一種好的膽固醇。

6-12 肝臟是人體的化學工廠

解毒藥物與酒精是重要作用

　　肝臟是人體最大的內臟，成人的內臟約有1～1.5 kg重。肝臟由肝細胞聚集而成，約含有2,500～3000億個肝細胞。

　　肝臟像一個化學工廠，含有2,000種以上的酶，可以進行非常多種化學反應。肝可以將小腸吸收的營養素全部收集起來，部分儲存，部分在加工後送至全身各處。舉例來說，肝臟可以將多個葡萄糖分子串接起來，形成**肝糖**後儲存起來，空腹時再釋放出葡萄糖給全身細胞利用。另外，維生素A、D、B_{12}、鐵皆可儲藏於肝臟。肝臟還負責製造可將激素及脂質運送至全身的蛋白質、止血時必須的蛋白質、可做為細胞膜材料與部分激素原料的膽固醇，以及可將這些膽固醇運送至全身的脂蛋白（p.98）。

　　藥物、酒精、蛋白質在代謝過程中會產生氨及各種有害物質，分解這些有害物質、解毒也是肝臟的作用。適量的酒精可以促進食慾，讓人覺得愉悅，但過量卻會對肝臟造成負擔。順帶一提，喝酒不容易醉的人只表示可以分泌充足的分解酶來分解酒精，並不代表肝臟能承受的負荷比較大。有些人以為沒有醉就表示不會對肝造成負擔，這個認知是錯誤的。

　　另外，肝臟在製造可以消化脂質的膽汁時，會將老舊紅血球破裂釋放出用來搬運氧氣的血紅素，加工成名為**膽色素**的物質，再混入膽汁中排出。

　　肝臟有沉默的器官之稱。這是因為，與肝臟有關的疾病大都要到很嚴重的時候才會出現症狀。

 肝臟有很強的再生能力，就算切除四分之一，也能長回原來的大小。

肝臟的主要功能

肝臟是化學工廠的理由

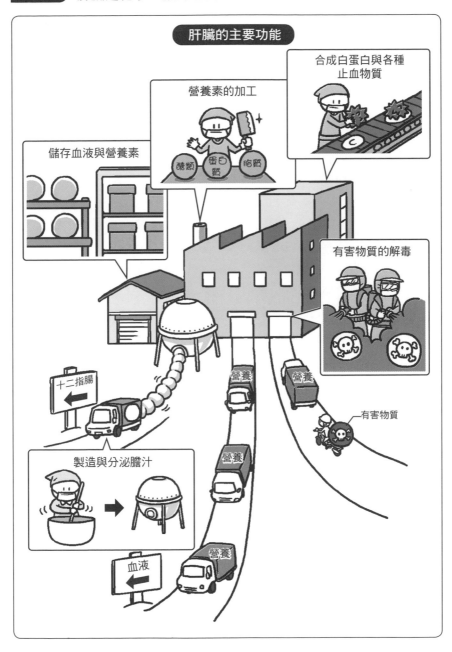

肝臟的主要功能

合成白蛋白與各種止血物質

營養素的加工

糖類　蛋白質　脂質

儲存血液與營養素

有害物質的解毒

十二指腸

營養

營養

有害物質

製造與分泌膽汁

營養

血液

營養

1 人體的結構

2 細胞

3 運動系統

4 呼吸系統

5 循環系統

6 消化系統與營養

Column

消化系統與營養

　　能夠提供營養的各種物質稱做營養素。營養素可以分成每天需要攝取大量的營養素，以及不需要攝取那麼多的營養素。譬如維生素就不需要攝取太多，稱做微量營養素。另一方面，每天需要攝取幾十克以上的營養素可分為三大類，稱做三大營養素——碳水化合物（醣類）、蛋白質，以及脂質。

　　醣類與蛋白質從進入口腔到被小腸吸收的過程中，分子大小會產生很大的變化。碳水化合物會被分解成葡萄糖這種最小單位的醣類，再由小腸細胞吸收，接著以葡萄糖的形式進入肝門靜脈，送至肝臟。蛋白質也一樣，會被消化、分解成胺基酸這種最小單位的分子，再由小腸細胞吸收，然後以胺基酸的形式進入肝門靜脈，送至肝臟。肝臟會以這些胺基酸為原料，合成各種人體必需的蛋白質。因此，不管吃多少牛肉，體內也不會累積任何牛的蛋白質。

　　不過，脂質就不一樣了。脂質中含量最多的是脂肪，又稱做三酸甘油酯。三酸甘油酯碰上由胰液分泌的胰脂肪酶時，會先被拆解成甘油與脂肪酸，使其容易被小腸細胞吸收。但進入小腸細胞後，又會恢復成三酸甘油酯的型態。而且三酸甘油酯不會進入肝門靜脈，而是進入淋巴管。淋巴管不會進入肝臟，而是直直往上，往頭部的方向前進，穿過橫膈膜與心臟後方，最後進入名為鎖骨下靜脈的粗大靜脈中。在鎖骨下靜脈中前進沒多久會來到心臟，然後進入動脈。也就是說，由食物中攝取的三酸甘油酯會進入全身動脈提供細胞利用，或是抵達位於皮下的脂肪組織，累積起來。三酸甘油酯的一大功用就是產生能量，故在真正需要利用之前，三酸甘油酯會儲存在脂肪組織中。

泌尿系統

　　簡單來說，腎與泌尿系統就是垃圾的分類、處理場。成人一天內約需排尿六次，排除累積在體內的垃圾。

　　腎臟在製造尿液的同時，會將物質分成可再利用的物質以及不可再利用的垃圾。那麼，腎臟是如何篩選出不需要的東西，製造尿液呢？尿的顏色和排尿量常有變化，這又是為什麼呢？

　　讓我們一起來看看腎與泌尿系統的運作方式吧。

1 泌尿系統的全貌

製造尿液與排出尿液的器官

腎臟是過濾血液、製造尿液的器官,而尿液會通過的各個器官,合稱泌尿系統。泌尿系統除了腎臟,還包括將尿液從腎臟運送到膀胱的**輸尿管**,暫時儲存尿液的**膀胱**,將膀胱內的尿液排出的**尿道**。

腎臟位於腹腔後方靠近背部(腹膜後),左右各一。腎臟的形狀與蠶豆相似,中間略有凹陷,凹陷的部分朝向身體中心。右腎上方有肝臟緊緊壓著,故右腎的位置比左腎較低。

輸尿管在剛從腎臟出來的地方,與動脈交叉處,進入膀胱處等三個位置會突然變窄。又稱做生理性狹窄。

另外,男女的尿道長度與路徑有很大的差異(File 38)。

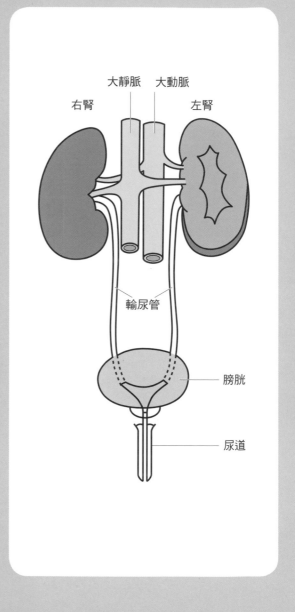

大靜脈　大動脈

右腎　　　　　　左腎

輸尿管

膀胱

尿道

7 泌尿系統

8 神經系統

9 感覺系統

10 內分泌系統

11 血液、體液、血球

12 生殖系統

2 腎臟的內部結構

過濾血液製造尿液的精密器官

　　下圖是腎臟的縱剖面。腎臟從表面往內約三分之一是皮質，再往內側是髓質，有數個扇狀的深色部分，稱做**腎錐體**。一個腎臟約有10～15個腎錐體。扇狀腎錐體的尖端稱做**腎乳頭**，腎乳頭由一個稱做腎盞的杯狀結構包覆住。腎臟內側的血管與輸尿管的出入口則稱做**腎門**。

　　圖右側為腎錐體以及其外側皮質部分的放大圖。腎小體位於皮質，是過濾血液的單位。腎錐體內有許多腎小管與微血管。**集尿管**可收集腎元所形成的尿液，再將尿液經由腎乳頭上的孔洞送入**腎盞**。

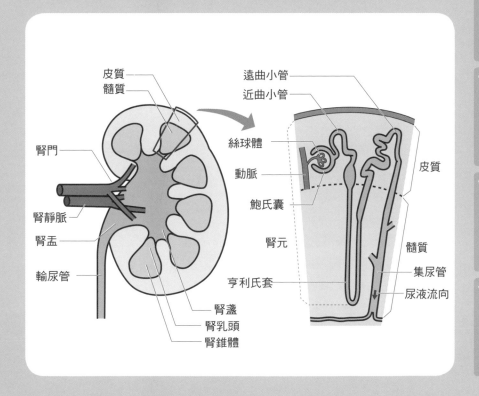

皮質
髓質
腎門
腎靜脈
腎盂
輸尿管
腎盞
腎乳頭
腎錐體

遠曲小管
近曲小管
絲球體
動脈
鮑氏囊
腎元
亨利氏套
皮質
髓質
集尿管
尿液流向

7-01 腎臟不停地在製造尿液

　　腎臟的**腎元**會過濾血液以形成尿液。腎元包括由鮑氏囊構成的**腎小體**，以及緊接在鮑氏囊後面的**腎小管**。腎小體會先粗略過濾流經的血液，接著再由腎小管回收濾過液體中的必需物質，直到最後都未被吸收的物質便會成為尿液。

　　腎小體的絲球體由一團蜷曲的微血管組成，看起來就像一堆毛線球。絲球體的微血管壁上有許多小孔，屬於通透型微血管（File 21），這些小孔可用來進行粗略的血液過濾。絲球體可將血液的水分連帶鈉、其他礦物質、葡萄糖、其他離子濾出至鮑氏囊，這種液體又稱做**原尿**。絲球體進行過濾時，無法判斷濾出物質是否為廢物，而是單純以分子大小決定可以濾過的物質。像是紅血球與蛋白質等較大的東西便無法通過孔洞，會和未通過孔洞的水分與礦物質一起留在絲球體。

　　鮑氏囊濾出來的原尿會流入腎小管，而周圍微血管的血液會持續與腎小管的原尿交換物質。原尿內仍含有大量水分、葡萄糖等身體必需成分，周圍的微血管會大量回收這些物質，稱作**再吸收**作用。另外，血管也會陸續將身體不需要的物質分泌至腎小管內。

　　人一天會製造約150 L的原尿，其中99%會被腎小管再吸收，只有1%會變成尿液。

　　成人每一分鐘會製造約1 mL的尿液，這些腎小管製造出來的尿液會匯集至集尿管。接著尿液進入**腎盞**，再匯集至**腎盂**，經由輸尿管送至膀胱。站著或坐著時，尿液會藉由重力自然下降至膀胱。不過即使躺著，尿液也不會滯留在腎盂或輸尿管內，一樣會被送到膀胱。因為輸尿管會持續蠕動，將尿液送往膀胱。

7 泌尿系統

8 神經系統

9 感覺系統

10 內分泌系統

11 血液、體液、血球

12 生殖系統

File 36 尿液製造與再吸收

腎小管可以再吸收原尿的 99%

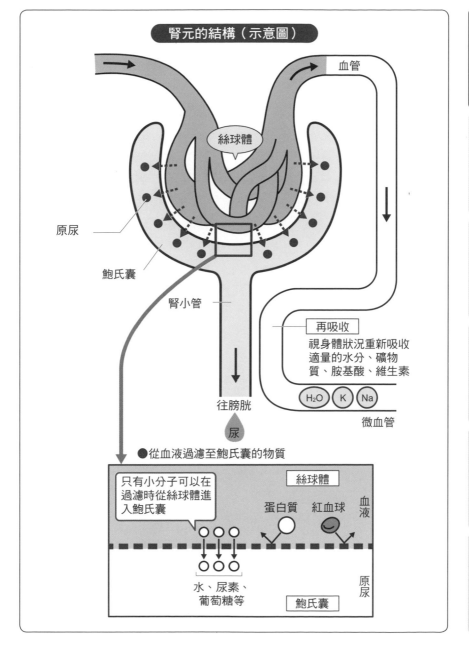

腎元的結構（示意圖）

血管

絲球體

原尿

鮑氏囊

腎小管

再吸收
視身體狀況重新吸收適量的水分、礦物質、胺基酸、維生素

H_2O　K　Na

微血管

往膀胱

尿

●從血液過濾至鮑氏囊的物質

只有小分子可以在過濾時從絲球體進入鮑氏囊

絲球體

蛋白質　紅血球　血液

水、尿素、葡萄糖等

鮑氏囊

原尿

7-**02** 尿液的排泄是人體過濾裝置

尿液可以排出體內的垃圾

　　排尿可以讓我們在保有一定量的體液、保有一定量之人體必需成分的狀況下，僅丟棄不需要的物質。要是腎臟沒辦法製造尿液，就會出現所謂的**尿毒症**。尿毒症並不是「尿液有毒」的疾病，而是應該丟棄的「垃圾」無法隨尿液排出，累積在血液與細胞內，對人體造成危害。若出現尿毒症，就會產生頭痛、噁心等不舒服的症狀，還會出現高血壓、心臟異常、骨骼與免疫系統異常等各種功能障礙。嚴重時可能還會失去意識，甚至導致死亡。一般而言，人體一天最少需排出400 mL的尿液，才能夠丟出體內的垃圾。

　　成人平均一日的排尿量為1.5 L左右，一天的排尿次數約為5～7次，一次的排尿量約為200～400 mL。尿液的顏色通常是淡黃色，澄清而不混濁。尿液有95%是水，其他成分包括鈉、鉀、尿素、尿酸等物質。通常一般人的尿量、排尿次數、尿液顏色並不固定。想必各位的排尿狀況也不是一直都一成不變，而是有時排出大量顏色稀薄的尿液，有時排出少量顏色濃厚的尿液。尿液之所以會有這樣的變化，是因為身體在不同時候想要丟棄的物質不一樣。攝取過多水分時，會為了排出大量水分而製造出大量稀薄的尿液。而在炎熱的夏日，如果流出大量汗水，卻沒有攝取足夠水分，身體就會為了盡可能減少水分而排出少量濃縮後的尿液。

 這表示我們可以從尿液狀況來推測身體狀況囉。

 沒錯。所以健康檢查時一定會做尿液檢查。尿液檢查不僅可以瞭解腎臟狀況，也可以知道肝臟與血液的情形。

腎臟的主要功能

腎臟除了製造尿液之外還負責各種工作

7 泌尿系統

8 神經系統

9 感覺系統

10 內分泌系統

11 血液、體液、血球

12 生殖系統

7-03 膀胱與尿道

膀胱是暫存尿液的水塔

如同我們在p.106中所提到的，人體無時無刻都在一點一點地製造尿液。但這些尿液並不是在製造之後就一直從體內流出來，而是先暫時儲存在一個水塔般的器官內，這個器官就是膀胱。

膀胱是一個伸縮能力很強的袋狀結構。排尿後空無一物的膀胱會整個縮在一起，表面布滿皺紋，頂端部分往下塌陷，形成一個乾癟的袋子。當膀胱開始累積尿液，表面的皺紋便會逐漸攤開。要是刻意憋尿，膀胱便會脹得很大，可以容納超過500 mL的尿液，有些人的膀胱甚至可以裝到800 mL。一般來說，當膀胱內有200 mL的尿液，便會有想要小便的感覺。

膀胱之所以能有那麼大的彈性，是因為膀胱黏膜上有一種叫做**移行上皮**的特殊組織。「移行」指的是形成黏膜的細胞可以從圓形「移行」成扁平狀的意思。除了膀胱，輸尿管與尿道也都有移行細胞。

膀胱會藉由尿道排出尿液，但男女的尿道大不同。男性的尿道比較長，部分尿道屬於生殖器，路徑比較複雜。由於男性尿道會穿過膀胱下方的攝護腺，所以當男性因老化而攝護腺肥大，可能會壓迫到尿道，使排尿狀況變差。另一方面，女性的尿道比較短，尿液離開膀胱之後馬上就會抵達尿道口。也因此，外界的細菌或其他病原體容易進入女性的尿道與膀胱，造成尿道炎與膀胱炎。另外，由於尿道周圍的肌肉肌力比較弱，當老年人劇烈咳嗽或打噴嚏，腹部的壓力可能會導致漏尿。

 輸尿管是連接到膀胱的頂部嗎？

 輸尿管其實是斜插入膀胱靠下方的部分喔。左右輸尿管插入膀胱的孔洞，與排出尿液的尿道孔洞所形成的三角形，叫做膀胱三角，這個部分不大會伸展或收縮。

膀胱與尿道的構造

男女膀胱與尿道的差異

7
泌尿系統

8
神經系統

9
感覺系統

10
內分泌系統

11
血液、體液、血球

12
生殖系統

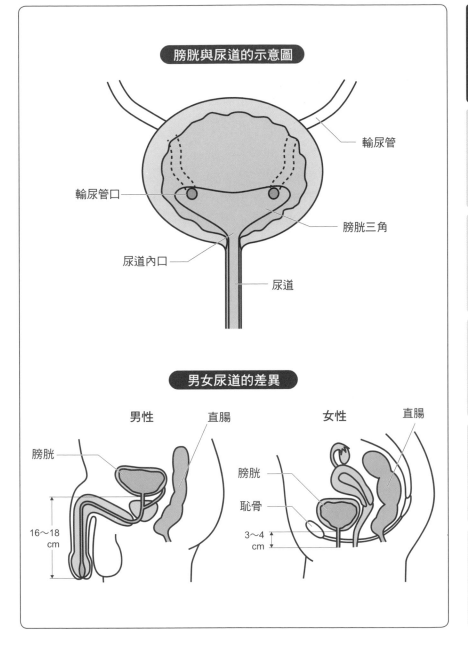

膀胱與尿道的示意圖

輸尿管

輸尿管口

膀胱三角

尿道內口

尿道

男女尿道的差異

男性　　　直腸

膀胱

16～18
cm

女性　　　直腸

膀胱

恥骨

3～4
cm

7-04 排尿機制

　　如果我們可以像確認汽車燃料一樣，隨時確認膀胱內累積的尿液量會怎麼樣呢？若是如此，我們可能反而會不曉得該在什麼時候去廁所吧。因此在身體排尿機制中，當膀胱內的尿液累積到一定程度，就會像是切換開關一樣，自動產生尿意。

　　當膀胱累積的尿液達到200 mL左右，位於膀胱內壁的神經就會將這個訊息傳達給位於脊髓的排尿中樞，引起**排尿反射**。排尿反射會使膀胱收縮，造成位於膀胱與尿道之間的**尿道內括約肌**舒張。尿道內括約肌由無法以意志控制的平滑肌構成，因此不管我們是否想要排尿，只要有排尿反射，尿道內括約肌便會自行舒張，這些都不受意識的控制。

　　同時，膀胱累積大量尿液的訊息也會傳到大腦，使我們產生尿意。如果這時候我們還沒做好排尿準備，便會以意志控制骨骼肌構成的**尿道外括約肌**收縮，使尿液不會洩出。直到抵達廁所，做好排尿準備時，才會以自主意識控制尿道外括約肌舒張，開始排尿。

　　控制排尿機制的是自律神經中的副交感神經。一般而言，副交感神經在放鬆時會興奮。不過，各位應該曾經有過因緊張或不安而產生尿意的經驗吧。緊張或不安等情緒原本應會讓交感神經興奮，使身體進入備戰狀態，故應該會抑制尿意。然而，當緊張或不安的程度過於強烈，會讓自律神經系統出現混亂，這時交感神經與副交感神經會同時興奮，打開排尿機制的開關。

排尿反射

膀胱累積一定量的尿液時，便會打開尿意開關

7 泌尿系統

8 神經系統

9 感覺系統

10 內分泌系統

11 血液、體液、血球

12 生殖系統

膀胱累積一定的尿液

膀胱

膀胱壁

尿道內括約肌

尿道外括約肌

快去廁所吧！

憋尿時，膀胱壁舒張，尿道外括約肌收縮

排尿反射

啪

喀

呼

排尿時，膀胱壁收縮，尿道外括約肌舒張

排尿的訊號

　　利用尿液可檢查出各種腎臟、泌尿系統疾病。首先是排尿量過少或過多，如果不排尿的原因出在腎臟，便可能是無尿症或寡尿症；如果膀胱累積許多尿液卻無法排出，則可能是尿閉症。另一方面，如果排尿量過多，也可以分成每次尿量過多的多尿症，以及排尿次數過多的頻尿症，造成原因各有不同。

　　再來是尿液本身的問題。正常的尿液為透明並帶有一些淡黃色，若尿液混濁，常代表尿液內含有不正常的成分。若尿液顏色過濃，呈現褐色，則可能是肝臟出了問題，而非腎臟。另外，如果尿液有明顯的紅色，則尿中很有可能含有血液，稱做血尿。這些異常狀況可由尿液檢查確認。將試紙浸在尿液中再取出，觀察試紙上各區域的顏色變化，便可立刻看出尿液中含有哪些異常物質，含量又分別是多少。能以這種方法判斷的物質包括葡萄糖、蛋白質、血紅素、膽紅素、尿膽素原（膽紅素經腸內細菌轉換而成）、酮體（燃燒脂肪酸產生的中間代謝產物）等。

　　採尿之後，將尿液放入試管靜置一陣子，試管底部會出現白色沉澱物。這些是尿液中的固狀成分，稱做尿沉渣。檢驗尿沉渣，需將玻璃試管放在離心機中，以離心力強制分離尿沉渣與上清液（需花費一些時間）。離心完畢後倒掉上清液，取一滴尿沉渣滴在載玻片上，蓋上蓋玻片後放在顯微鏡底下，放大400倍觀察，可看到尿液中結晶化的物質，以及尿道的上皮細胞。如果這時看到許多紅血球或白血球，表示尿液狀況異常，更別說尿液內有癌細胞或細菌的問題。

第 8 章

神經系統

　　以大腦為司令的神經系統，是控制我們行動、思考、感情、慾望的中樞。當手碰到很燙的東西，會反射性地縮回手，這也是神經系統的作用。究竟神經系統在這短短數秒內是如何下達命令，使身體產生反應的呢？

　　連目前超級電腦的計算能力都還不如我們的神經系統。接著就讓我們一起來看看人類的訊息處理系統吧。

1 腦、神經系統的全貌

收集訊息、判斷、傳達指令等重要功能

　　神經系統是人體所有功能的控制中心。神經系統可以分為兩大類，一類是收集來自全身的訊息、進行判斷、發出指令的**中樞神經系統**；另一類則是將來自全身的訊息傳達至中樞，並將來自中樞的指令傳達至全身的**周邊神經系統**。中樞神經系統包括腦與脊髓，而腦可再分為大腦、小腦、間腦、中腦、橋腦、延腦等部位。周邊神經系統則可分為從腦延伸出去的腦神經，以及從脊髓延伸出去的**脊神經**。

　　中樞神經是人體內最重要的組織，腦的外側有顱骨保護，脊髓則由脊椎保護。周邊神經則可看做由中樞神經發展至全身每個角落的神經組織。

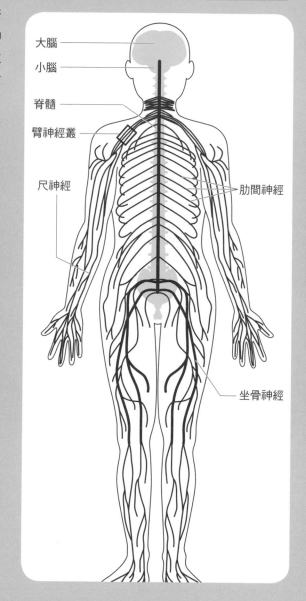

- 大腦
- 小腦
- 脊髓
- 臂神經叢
- 尺神經
- 肋間神經
- 坐骨神經

2 大腦剖面圖

大腦的形狀與名稱

　　大腦可分為左右兩個半球，表面有許多大型皺褶。由剖面可以看出大腦有著深色的外層與白色的內層。顏色深的部分稱做灰質，這裡聚集了許多**神經元**（神經細胞）細胞體。細胞體是神經元細胞核的所在位置。大腦表面的皺褶可增加表面積，容納更多神經元的空間。白色部分稱做白質，這裡有許多自神經元延伸出來的神經纖維。

　　大腦由三層腦膜包覆著，由內側算起分別是軟膜、**蜘蛛膜**、硬膜。蜘蛛膜下方的空間充滿了**腦脊髓液**。這些腦膜並非只存在於大腦，亦存在於脊髓四週，保護所有中樞神經。

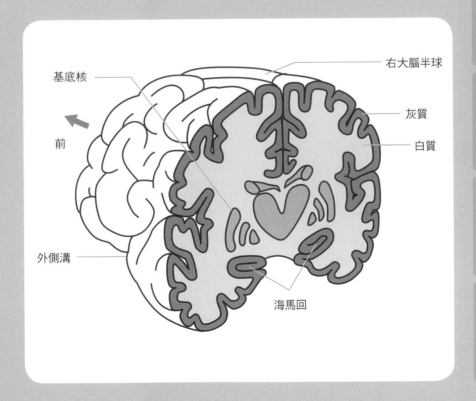

7 泌尿系統

8 神經系統

9 感覺系統

10 內分泌系統

11 血液、體液、血球

12 生殖系統

3 小腦、腦幹

小腦、腦幹的形狀與名稱

　　腦幹如其名所示，是大腦的主幹。不僅是大腦中心，也與大腦、小腦、脊髓等結構相連，呼吸與循環系統調整、姿勢調整、清醒與睡眠的調節等，皆以腦幹為控制中樞。此外，周邊神經中的腦神經也幾乎都以腦幹做為出入口。

　　腦幹由上到下可以分成中腦、橋腦、延腦。三者形狀不同，功能也各有差異（p.128）。間腦內有一個名為**視丘**的球形部分，而中腦則位於間腦下方，呈細長狀往下延伸。中腦下端突然變粗的部分就是橋腦。橋腦位於小腦和大腦之間，像橋一樣，故以此命名。橋腦下方突然變細，就是所謂的延腦。

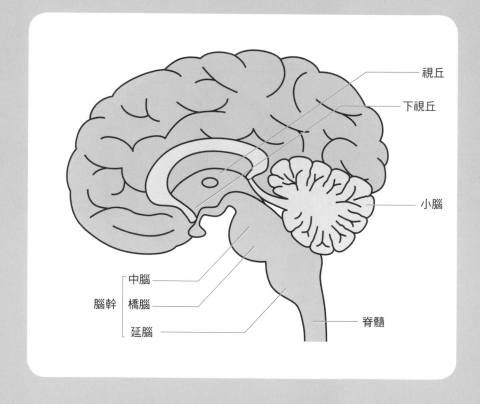

視丘

下視丘

小腦

脊髓

腦幹 ｛中腦／橋腦／延腦

7 泌尿系統

8 神經系統

9 感覺系統

10 內分泌系統

11 血液、體液、血球

12 生殖系統

4 腦血管

腦部血液供給

　　腦部組織對缺氧的抵抗力很弱，一旦運送氧氣的血液停止運行，腦部細胞便會受到很大的傷害，數分鐘即可能導致死亡。而供給腦部血液的主要動脈包括頸總頸動脈往顱骨的分支——**頸內動脈**，以及沿著鎖骨下方朝著手臂前進的**鎖骨下動脈**的分支——**椎動脈**。這兩組動脈會在大腦底部左右相連，

形成名為**威利氏環**的環狀結構。

　　拜威利氏環之賜，即使這些動脈的其中一條塞住，血液也可以繞行其他路徑，提供養分與氧氣給腦部細胞。不過，要是頸內動脈等較大的動脈完全塞住，光靠迂迴的路徑並沒有辦法提供充分的血液給腦部。

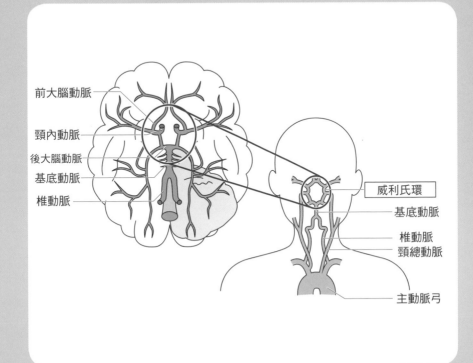

前大腦動脈

頸內動脈

後大腦動脈

基底動脈

椎動脈

威利氏環

基底動脈

椎動脈

頸總動脈

主動脈弓

神經元（神經細胞）的興奮與傳導

神經細胞所傳導的訊息

神經系統由許多**神經元**（神經細胞）組成，這些神經元負責傳導各種訊息。神經細胞是人體內壽命最長的細胞，從出生起就一直跟著我們，直到死亡時都一直和我們在一起。神經元沒有複製的能力，死亡便無法再生。

神經元的細胞體部分含有細胞核，會伸出許多名為**樹突**的突起。另外，細胞體還會伸出一條特別長的突起，叫做**軸突**，最長可以長達1 m。一般我們說的神經纖維就是這裡說的軸突，而手術時肉眼可見的「神經」，則是成束的神經纖維。

神經系統內神經元會互相傳輸各種訊息，發揮神經的功能。一個神經元有多個樹突，這些樹突可連接到其他神經元，進而形成一個複雜的訊息網，用以傳輸訊息。不過，雖然「樹突可連接到其他神經元」，卻不表示神經元之間真的有彼此接觸。神經元軸突末端稱做**突觸**，會發送訊息至接收訊息的神經元，突觸與下一個神經元間有一個叫做突觸間隙的空隙。

在神經元內流動的「訊息」是電訊號，然而突觸間隙使神經元之間並沒有直接接觸，因此不會直接傳導這種電訊號。就像是沒有插電的插頭，不會有電流流過一樣。那麼「訊息」如何傳導給下一個神經元？發送訊息的神經元會在軸突末端將電訊號轉變成化學物質（神經傳導物），接著釋放至突觸間隙。而接收訊息的神經元受到這種化學物質刺激，便會產生電訊號，再繼續傳給下一個神經元。

神經元的軸突可分為外面有髓鞘包覆的**髓鞘神經**，以及沒有髓鞘包覆的**無髓鞘神經**。有髓鞘神經在傳遞電訊號時，電訊號會在髓鞘與髓鞘之間跳躍前進，傳遞速度較快。人類的神經多為髓鞘神經，在腦部較原始的部分以及自律神經等處可見無髓鞘神經。

7 泌尿系統

8 神經系統

9 感覺系統

10 內分泌系統

11 血液、體液、血球

12 生殖系統

File 40 神經元與神經訊息的傳導

突觸是神經元傳遞訊息的位置

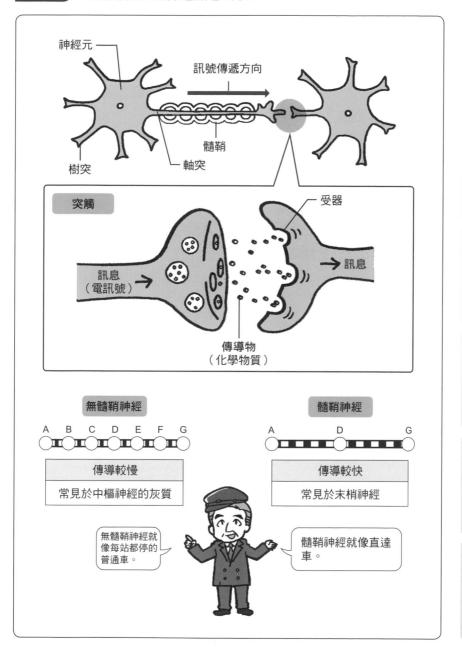

神經元

訊號傳遞方向

髓鞘

樹突   軸突

突觸   受器

訊息
（電訊號）   訊息

傳導物
（化學物質）

無髓鞘神經   髓鞘神經

A B C D E F G   A   D   G

傳導較慢   傳導較快

常見於中樞神經的灰質   常見於末梢神經

無髓鞘神經就
像每站都停的
普通車。

髓鞘神經就像直達
車。

8-02 大腦皮層的功能

人類的大腦皮質特別發達

　　從**大腦**的剖面圖（p.117）中，可以看到大腦表面與中心處聚集了許多神經元細胞體，顏色較深，稱做**灰質**。而位於大腦表面的灰質又稱做大腦皮質。人類的大腦皮質特別發達，可以用以收集觸覺、視覺、聽覺等各式各樣的訊息，再進行綜合判斷，或者發出運動指令，是一個能夠思考、能夠做決定的複雜部位。

　　大腦可以指示人體各部位進行各種活動，表現出恰當的行動，像是讀書、看電影或電視而感動、唱出喜歡的歌、為了健康而運動、思考今天晚上要吃什麼等等，可見大腦的工作十分複雜又多樣。大腦處理這些工作時，並不是所有大腦細胞一起處理，而是會經過精密分工。舉例來說，視覺訊息會由大腦後方的視覺區處理；與運動相關的指令，則會由將大腦分成前後兩半的中心溝前方區域負責管理。像這樣，不同大腦皮質區域負責不同的工作機制，就稱做「**大腦皮層功能區位化**」（File 41）。因此，當大腦皮質因為疾病或物理傷害受損，受損部分所負責的功能就會出現問題。舉例來說，如果負責處理語言的部分受損，就沒辦法流利地說話，不過走路的功能和正常人沒什麼差別。雖說不同區的大腦皮質負責的工作不同，但也不是各區都只會做自己的事，而是會彼此聯絡，共同處理較複雜的工作。

　　身體左側的運動由大腦右半球控制，身體右側的運動則由大腦左半球控制。不過，這不代表左右兩邊只管自己負責的一側，而是會藉由左右大腦半球間的**胼胝體**互相溝通。

大腦皮質功能區

大腦皮質各區分別負責不同工作

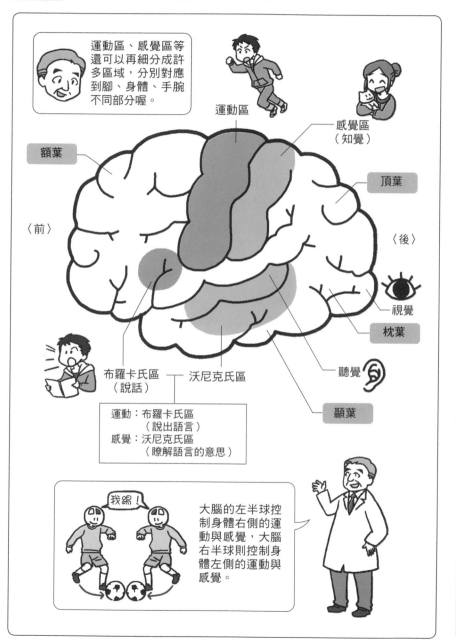

運動區、感覺區等還可以再細分成許多區域，分別對應到腳、身體、手腕不同部分喔。

運動區

感覺區（知覺）

額葉

頂葉

〈前〉

〈後〉

視覺

枕葉

聽覺

顳葉

布羅卡氏區（說話）

沃尼克氏區

運動：布羅卡氏區（說出語言）
感覺：沃尼克氏區（瞭解語言的意思）

我踢！

大腦的左半球控制身體右側的運動與感覺，大腦右半球則控制身體左側的運動與感覺。

7 泌尿系統

8 神經系統

9 感覺系統

10 內分泌系統

11 血液、體液、血球

12 生殖系統

8-03 大腦邊緣系統與記憶的密切關係

掌管本能的腦部區域

人類之所以會感覺到「悲傷」「喜悅」「舒適」等情緒，是因為大腦的作用。那麼，究竟是腦的哪個部分掌控人類的情緒呢？事實上，這是**大腦邊緣系統**負責的工作。

大腦邊緣系統由位於大腦皮質內側特定區域的腦細胞組成。將左右大腦半球連在一起的中央部分稱做**胼胝體**，在胼胝體周圍的區域有扣帶回、海馬回、嗅腦（嗅神經）、杏仁核等結構。

我們可以從動物腦部的演化過程來說明什麼是大腦邊緣系統。在動物的演化過程中，腦部神經元的數目愈來愈多，腦部愈來愈大，功能也愈來愈複雜。不僅腦部愈來愈大，原本的腦部外側也出現一個比較複雜的區域，稱做**大腦新皮質**。

相對於（大腦）新皮質，大腦邊緣系統則稱做**古皮質**。進化過程中，古皮質是相對比較早出現的腦部區域。在大腦新皮質愈來愈發達的情況下，原本的大腦邊緣系統會被推進大腦的深處。

從功能層面來看，可知道大腦邊緣系統應是很久以前開始便存在的區域。大腦邊緣系統與生殖、尋找食物等本能上的行動，以及愉快、恐怖、發怒等情緒上的功能有息息相關。另外，也與氣味與記憶有密切關係（File 48）。動物為了生存，必須保護自己的身體，提升尋找食物的效率。這時就會利用大腦邊緣系統，分辨天敵與食物的氣味，並將這些氣味記下來。這也就是為什麼大腦邊緣系統與嗅覺有很密切的關係。看到這裡，不難想像所有動物的大腦邊緣系統都有共通機制，發揮出類似的功能。大腦邊緣系統各區，嗅腦可以感覺氣味，並將訊息傳出去，海馬回可將訊號固定下來成為記憶，杏仁核則可判定是否為愉快的感覺。

 古皮質負責的是本能，也就是動物生存所需最低限度的功能。相對的，人類之所以能成為人類，就是因為新皮質相當發達。

負責本能與情緒的「大腦邊緣系統」

大腦的進化

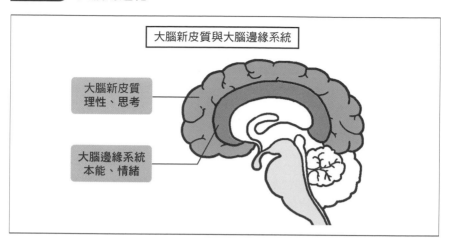

大腦新皮質與大腦邊緣系統

大腦新皮質
理性、思考

大腦邊緣系統
本能、情緒

7 泌尿系統

8 神經系統

9 感覺系統

10 內分泌系統

11 血液、體液、血球

12 生殖系統

被責罵時
腦中的情形

理性

被罵是自己
的錯

本能

好難受…

邊緣系統與新皮質會
發出完全相反的指示

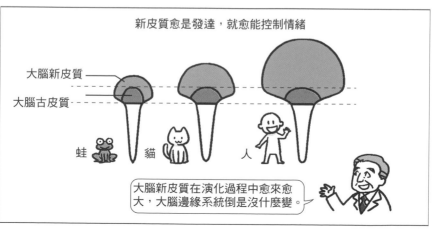

新皮質愈是發達，就愈能控制情緒

大腦新皮質

大腦古皮質

蛙　貓　人

大腦新皮質在演化過程中愈來愈
大，大腦邊緣系統倒是沒什麼變。

8-04 小腦調節肌肉運動

小腦與運動協調

　　小腦位於腦後側，結構與大腦類似，可分為皮質與白質。小腦如其名所示，是「較小的腦」，但在運動上有著很重要的功能。

　　運動的調節便是小腦的重要功能之一，需與大腦合作，才能發揮其調整機制。小腦大約只有大腦的十分之一大，但神經元數量卻遠多於大腦，可達到大腦的數倍之多。小腦表面的皺褶比大腦還要細，就是為了要容納龐大數目的神經元。另外，由於小腦需要另外的訊息管道，故沒有與大腦直接連接。小腦藉由名為小腦腳的神經纖維束與腦幹連接，並藉由腦幹與大腦協力管理身體運動。

　　大腦發出運動指令之後，接收指令的骨骼肌會收縮，使身體動起來。而骨骼、肌腱、關節上有某種感應器可以監視實際的運動狀況，再將這些訊息回報給神經中樞。接著小腦會將大腦發出的指令，與肌肉實際運動的情形互相對照。要是實際運動狀況與大腦的命令不同，便會著手調整骨骼肌的收縮程度，使身體呈現出希望的姿勢與動作。另外，小腦還會將運動狀況記憶起來，進行同樣的運動時，便可將調整後的模式反應在下一次運動中。學習腳踏車或滑雪等需要保持平衡的高難度運動時，第一次通常會一直跌倒，很難做得順、很難讓肌肉彼此協調。不過，在小腦的作用下，身體記憶下來的動作便不會隨著時間的經過而輕易忘記。另外，小腦也會接收內耳中負責平衡感部位傳來的訊息，微調頭部的方向與位置，保持身體平衡。

　　小腦就是用這種方式調節身體的各種運動，讓我們能夠做好每個動作。

7 泌尿系統

8 神經系統

9 感覺系統

10 內分泌系統

11 血液、體液、血球

12 生殖系統

File 43 小腦功能與小腦失調

小腦負責身體的平衡

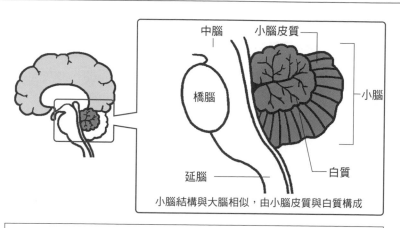

中腦　　　小腦皮質

橋腦

小腦

延腦　　　　　白質

小腦結構與大腦相似，由小腦皮質與白質構成

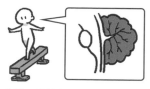

小腦可調整身體的平衡，以及運動時的各種細微動作

鳥類為了在空中飛，需要發達的小腦

如果人的小腦功能不良…

寫字障礙

精細運動障礙

語言障礙

步行障礙
平衡障礙

要是小腦的功能出現問題，會出現步行時無法平衡、雙手顫抖、無法好好說話等「小腦失調」症狀。

8-05 間腦、腦幹是生命活動中樞

腦幹失去功能就會死亡

　　間腦與**腦幹**位於大腦中心位置。間腦與大腦相連，腦幹則與脊髓相連，腦幹可以分成中腦、橋腦、延腦等部位（p.118）。

　　間腦的**下視丘**含有大量神經核，是自律神經系統與內分泌系統的中樞，兩者皆為能自動調整身體功能的系統。下視丘可控制自律神經系統（File 47）的神經，以及內分泌系統（p.152）的激素，共同調整身體功能。舉例來說，下視丘有調節血糖與體內水分含量的中樞，當下視丘收到血糖下降的訊息，便會產生空腹感，讓人覺得「應該要吃點東西」並開始尋找食物；若下視丘收到體內水分含量不足的訊息，便會產生「口渴」的感覺，使人們找水來喝。

　　腦幹是控制呼吸、血液循環、體溫調節、吞嚥等與生命活動相關的生命中樞。要是因外傷或疾病使腦幹失去功能，便會失去生命。各位知道沒有意識的人——植物人，與腦死之間的差別嗎？植物人的腦幹仍可正常活動。也就是說，植物人仍保有呼吸與血液循環等功能，就算不用生命維持裝置也可以活著。腦死是指，包括大腦、小腦、腦幹，所有腦部皆失去功能，要是沒有人工呼吸器等生命維持裝置便會死亡。目前，如果病人被判定成腦死，代表醫生認為病人無法救活。

　　另外，腦幹也是腦神經的據點。腦神經是從腦部直接進出的周邊神經，包括頭部、臉部、皮膚的感覺與運動、唾腺功能皆由腦神經控制。此外，控制胸部、腹部許多器官的副交感神經也屬於腦神經。

間腦與腦幹維持生命活動

間腦、腦幹是維持生命不可或缺的生命中樞

7 泌尿系統

8 神經系統

9 感覺系統

10 內分泌系統

11 血液、體液、血球

12 生殖系統

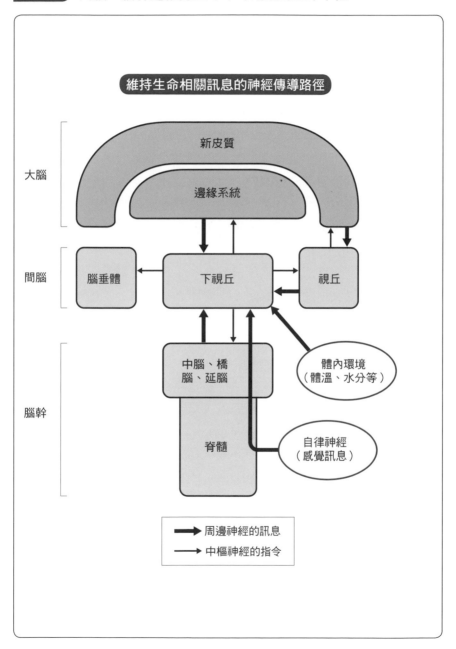

維持生命相關訊息的神經傳導路徑

大腦 — 新皮質 / 邊緣系統

間腦 — 腦垂體 / 下視丘 / 視丘

腦幹 — 中腦、橋腦、延腦 / 脊髓

體內環境（體溫、水分等）

自律神經（感覺訊息）

➡ 周邊神經的訊息
→ 中樞神經的指令

8-06 脊髓是訊息中繼站

脊髓不是單純的訊息傳遞者

乍看之下，「腦」與「**脊髓**」似乎是不一樣的器官，不過兩者其實相當類似，都是一條內部有空腔的管子。雖然兩者的工作方式略有不同，但都屬於中樞神經系統。接著讓我們來看看脊髓的運作方式。順著腦幹的延腦再往下走，可以看到一個貫穿脊椎骨的棒狀神經管，這就是脊髓。脊髓與腦同樣屬於中樞神經系統，卻沒辦法像腦那樣進行判斷，或者記憶事物。一言以蔽之，脊髓就是腦與周邊神經之間的訊息中繼站。如果把腦當成大企業的總公司、周邊神經是各鄉鎮辦事處，那麼位於中間的脊髓就像分布於各縣市的分公司一樣。

雖說脊髓是訊息的中繼站，但脊髓並不只是單純的訊息傳遞者。舉例來說，碰觸到很燙的物體時，手會馬上縮回來，這種迴避危險的動作就是由脊髓控制的。脊髓在接收到「熱」的訊息時，便會馬上下達「把手縮回來」的指令，這比等待大腦思考再指示還要快。這種機制又叫做**脊髓反射**（p.132）。

觀察脊髓的橫剖面，可以看到脊髓在名為中心管的孔洞周圍，有一圈狀似蝴蝶的灰質，而灰質的周邊則有白質包圍。與大腦相同，灰質是神經元細胞體的集合，白質則是充滿了神經纖維。來自周邊神經的皮膚感覺等訊息，會從脊髓後側的後柱進入，將訊息傳給位於脊髓內的神經元，脊髓再將訊息傳至腦部。由腦發送的運動指令會隨著神經纖維傳至脊髓，將訊息傳給位於脊髓前側的前柱神經元，再由脊髓將這個訊息傳給周邊神經。因此，脊髓必須讓感覺神經與運動神經不會互相干擾。

File 45 脊髓的訊息傳遞路徑

大腦的命令由脊髓前柱傳出去，周圍神經的訊息則由脊髓後柱傳遞至大腦

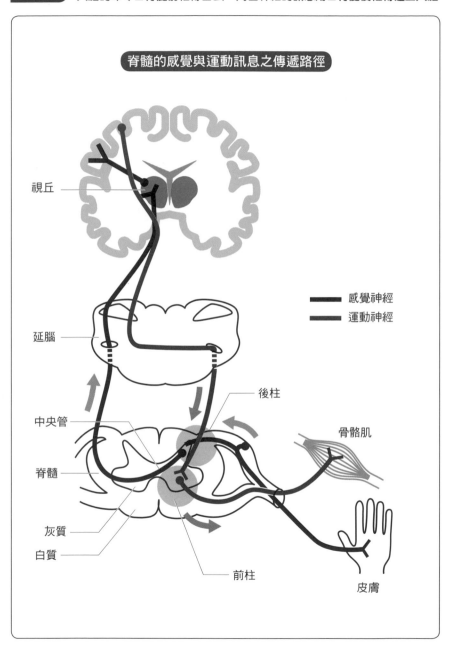

脊髓的感覺與運動訊息之傳遞路徑

視丘

感覺神經
運動神經

延腦

後柱

骨骼肌

中央管

脊髓

灰質

白質

前柱

皮膚

7 泌尿系統

8 神經系統

9 感覺系統

10 內分泌系統

11 血液、體液、血球

12 生殖系統

8-**07** 運動神經、感覺神經、反射

　　周邊神經系統依功能可分為**運動神經**、**感覺神經**以及自律神經。自律神經將在下一頁介紹，這裡要講解運動神經、感覺神經以及反射機制。

運動神經為下行，感覺神經為上行

　　運動神經系統中，訊息永遠是由大腦往骨骼肌的方向傳遞，也就是「下行」。說明脊髓的時候（p.130）也有提到，脊髓內的神經元會在前柱區域將訊息傳給下一個神經元，進入周邊神經中的運動神經纖維，然後往目標的骨骼肌前進。不同的運動神經纖維，控制的區域也不一樣，譬如說控制臉部骨骼肌的是腦神經中的顏面神經；控制肩膀與手臂骨骼肌的是從頸部分支出來的脊神經；控制臀部與足部骨骼肌的是腰部分支出來的脊神經等。

　　感覺神經系統會將來自皮膚或骨骼肌的各種感覺，沿神經傳遞到大腦的軀體感覺區，訊息傳遞方向永遠是「上行」。周邊神經中的感覺神經纖維會從脊髓的後柱進入，將感覺訊息傳遞給脊髓內的神經元，再送至大腦皮質。

反射

　　突然接觸到很燙的東西，會自動縮回手，這就是反射。

　　接觸到高熱的瞬間，皮膚上的受器可以感知到手碰到了熱的東西，並將相關訊息傳遞給脊髓。而脊髓灰質內的中間神經元會從後柱接收這些訊息，隨後把這些訊息傳給位於前柱的運動神經元，下達指令「把手收回來！」這就是反射。也就是說，反射是由中間神經元主導的訊息傳遞捷徑。等到這個感覺訊息傳到大腦皮質，我們才會感覺到「好燙！」

周邊神經的訊息傳遞與脊髓反射機制

脊髓反射是訊息傳遞的捷徑

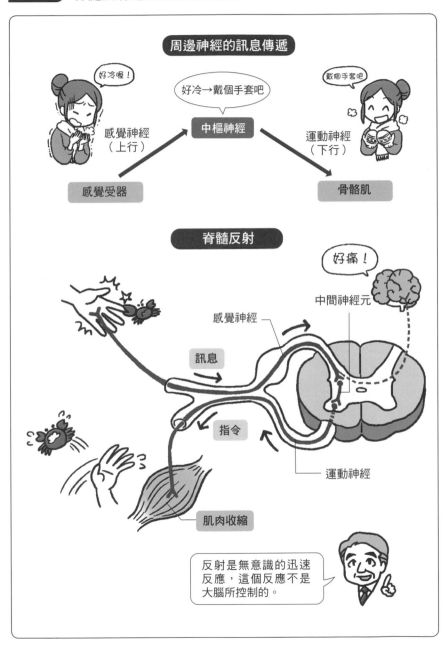

7 泌尿系統

8 神經系統

9 感覺系統

10 內分泌系統

11 血液、體液、血球

12 生殖系統

8-08 自律神經系統

「緊張」與「放鬆」的神經

　　自律神經可將來自中樞神經的命令送達各器官組織，如心肌、平滑肌（消化器官的肌肉與血管）、內分泌腺與外分泌腺等部位，調節身體各處的功能。我們沒辦法憑自己的意志控制自律神經，雖然我們可以自主控制手腳骨骼肌的運動，卻沒辦法自主控制心臟或內臟肌，也沒辦法控制胃液的分泌。或者也可以說，就是因為我們沒辦法隨意控制這些神經，才會稱做自律神經。

　　自律神經可以分成**交感神經**與**副交感神經**兩大類，兩者功能正好相反。

　　交感神經的工作是促進身體的活動。受驚嚇時，交感神經會興奮，瞳孔張開，心跳與血壓上升，呼吸加快，血液會大量流入骨骼肌，讓我們能夠迅速逃離，消化管與皮膚的血液流量則會減少。同時肝臟會分解肝糖，脂肪組織會分解脂肪，幫助產生能量。總上所述，交感神經興奮時，會讓身體進入緊張狀態。

　　相反的，副交感神經的工作則是讓身體休息。進食時，副交感神經會興奮，促進消化道運動，使血液流入腸胃，並促進唾液等消化液分泌。血液流量下降，並促進胰島素分泌，使血糖離開血液，儲存在身體內。也就是說，副交感神經興奮時，會讓身體進入放鬆狀態。

　　這兩種神經會隨著不同環境與狀態進行調整，達至平衡，使身體能發揮正常功能，維持生理運作。

 生活習慣不規則會打亂自律神經的平衡，使生理狀況失調，這就叫做自律神經失調症。

交感神經與副交感神經

自律神經可分為交感神經與副交感神經

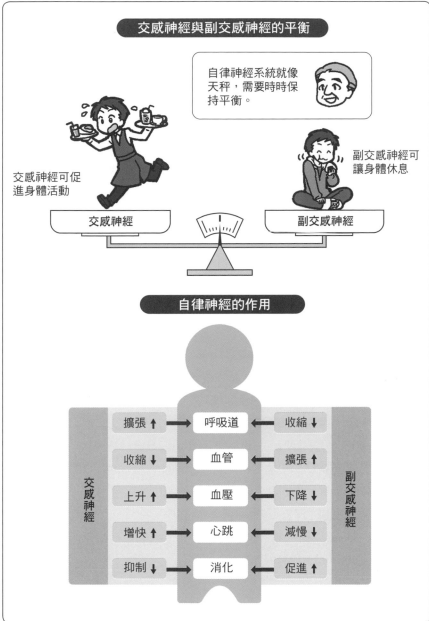

交感神經與副交感神經的平衡

自律神經系統就像天秤，需要時時保持平衡。

交感神經可促進身體活動

副交感神經可讓身體休息

交感神經

副交感神經

自律神經的作用

交感神經		副交感神經
擴張 ↑	呼吸道	收縮 ↓
收縮 ↓	血管	擴張 ↑
上升 ↑	血壓	下降 ↓
增快 ↑	心跳	減慢 ↓
抑制 ↓	消化	促進 ↑

7 泌尿系統

8 神經系統

9 感覺系統

10 內分泌系統

11 血液、體液、血球

12 生殖系統

神經系統的診察工具

　　醫師診察患者的方式一般可以分成四種——視診、觸診、叩診、聽診。視診是用眼睛直接觀察病人；觸診是直接碰觸患者身體；叩診是診察者將一隻手的手指貼在患者身體上，再用另一隻手手指敲打這隻手指；聽診是用聽診器聽取身體所發出的聲音。也就是說，在一般的診察過程中，除了聽診器並不需要其他特殊工具。不過檢查神經系統時，會需要用到大量工具。

　　首先是感覺的檢查。感覺可以分為很多種，檢查不同感覺時，都需要與之對應的工具。觸覺可以讓我們感覺到物體輕輕碰觸，故診察者會用毛筆碰觸患者的身體，並詢問患者是否有碰觸的感覺。檢查痛覺時，會準備安全別針之類的針，碰觸患者的皮膚，然後詢問患者是否感覺到痛。溫度覺包括溫覺與冷覺，分別是對熱與冷的感覺。檢查溫度覺時，會先在玻璃容器內裝40～45℃的溫水，或者是5～10℃的冷水，然後將玻璃容器貼上患者皮膚，詢問患者是否覺得熱或覺得冷。檢查震動覺時，會將一秒振動128次的音叉貼在患者身上，詢問患者是否感覺得到振動。原則上，檢查感覺時，需要請患者閉上眼睛。

　　運動的檢查也需要各式各樣工具。檢查肌力時需要以握力計測量握力。如果肌肉出現麻痺狀況，就代表肌肉正在萎縮、衰弱，可能是肌肉萎縮症。想要檢測肌肉萎縮的程度時，不可能直接測定肌肉的重量，故會改測肌肉的粗細。也就是需要捲尺來測量肌肉的直徑。

　　神經反射與感覺神經、運動神經都有關係。在深部肌腱反射的檢查中，會以一些工具在肌腱上施以快速而強力的衝擊，觀察肌肉是否會收縮，這時使用的工具稱做叩診槌。

第 9 章

感覺系統

　　五感分別是「視覺」「聽覺」「觸覺」「味覺」「嗅覺」，這是古希臘的亞里斯多德所做出的分類。

　　「視覺」的感覺器官是眼睛，「聽覺」是耳朵，依此類推，每種感覺都有與之對應的器官。除此之外，身體還有許多平常不會注意到的感覺。本章將試著說明各種感覺分別有什麼樣的巧妙之處。

1 感覺種類

軀體感覺、內臟感覺、特殊感覺

說到感覺，可能會聯想到疼痛、灼熱等由指尖或皮膚所感受到的感覺。不過，人的感覺並不只這些。如下圖所示，人有各式各樣的感覺，這些感覺可以分成三大類，以下讓我們來一個個說明吧。

第一類是**軀體感覺**，包括觸碰到物體時的感覺，以及感受到的身體動作、位置（姿勢）。第二類是**內臟感覺**，包括空腹感、便意等由內臟組織感受到的感覺，其中包括血糖、血壓等不自覺的感覺。第三類是特殊感覺，包括由眼、耳、鼻、舌等特定器官感受到的感覺，以及**平衡覺**。這些感覺有個特徵，就是受器都集中在頭部。

另外，軀體感覺還可以分成**皮膚感覺**（全身皮膚感受到的感覺）與**本體感覺**（肌肉與肌腱感受到的感覺）。不需以眼睛確認，也能知道某身體部位現在的位置，這就是一種本體感覺。舉例來說，閉上眼睛時，可以感覺手臂現在是抬高還是放下。

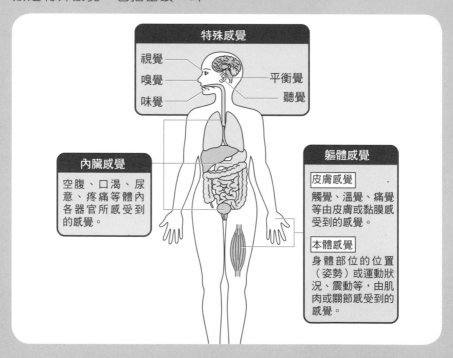

特殊感覺
視覺
嗅覺
味覺
平衡覺
聽覺

內臟感覺
空腹、口渴、尿意、疼痛等體內各器官所感受到的感覺。

軀體感覺
皮膚感覺
觸覺、溫覺、痛覺等由皮膚或黏膜感受到的感覺。

本體感覺
身體部位的位置（姿勢）或運動狀況、震動等，由肌肉或關節感受到的感覺。

7 泌尿系統

8 神經系統

9 感覺系統

10 內分泌系統

11 血液、體液、血球

12 生殖系統

2 痛覺點與閾值

皮膚感覺的種類與敏感度

全身的皮膚都分布著各種感覺受器（又稱做感覺點），可以感受觸壓刺激、熱刺激、冷刺激、痛刺激等刺激。這些感覺點由多至少的順序為**痛覺點**、**壓覺點**、**冷覺點**、**溫覺點**。最多的是痛覺點，這可能是為了讓人類能盡速察覺到危險。補充一點，身體各處皮膚感覺的敏感度並不相同。手指尖與舌尖的感覺受器最密，因此最敏感。相反的，背部與大腿就比較遲鈍（下圖）。

順帶一提，痛、冷等受器可以感覺到的最小刺激稱做**閾值**。要是刺激程度達到閾值之後還繼續刺激，身體便會逐漸適應這個刺激，而不會產生更大的反應，這就稱為**順應**。

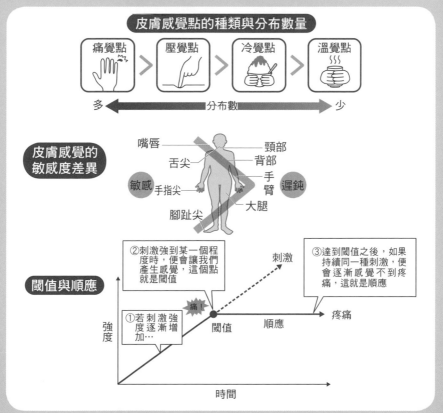

皮膚感覺點的種類與分布數量

痛覺點 ＞ 壓覺點 ＞ 冷覺點 ＞ 溫覺點

多 ←─── 分布數 ───→ 少

皮膚感覺的敏感度差異

嘴唇　頸部
舌尖　背部
敏感　手指尖　手臂　遲鈍
　　　　大腿
腳趾尖

閾值與順應

②刺激強到某一個程度時，便會讓我們產生感覺，這個點就是閾值

③達到閾值之後，如果持續同一種刺激，便會逐漸感覺不到疼痛，這就是順應

刺激

痛！

①若刺激強度逐漸增加…

閾值　順應　疼痛

強度

時間

9-01 嗅覺受器位於鼻腔上端

與本能直接連結的受器

嗅覺是對氣味的感覺，也是動物最原始的感覺。

整個鼻腔並不是都感覺得到氣味，可以感覺到氣味的部分，只有鼻腔頂部一塊指尖大小的嗅上皮而已。嗅上皮由感受氣味訊息的嗅細胞，與支撐嗅細胞的支持細胞構成，且到處都有可以分泌黏液的腺體。嗅細胞上面有**嗅纖毛**（嗅毛），嗅纖毛會伸入潤濕黏膜的黏液中接受氣味分子。

吸氣時，空氣與多種氣味成分分子會一起進入鼻腔，這些氣味分子會溶解在黏液中，嗅纖毛再去捕捉這些分子。因為感冒等原因而鼻塞時，氣味分子無法抵達嗅上皮，故無法聞到氣味。嗅纖毛捕捉到的訊息會透過嗅細胞傳遞給嗅神經，再傳遞至大腦。

嗅神經也有在大腦邊緣系統中登場。右圖中的**嗅球**也稱做嗅腦，是大腦邊緣系統的一部分。大腦邊緣系統可以用愉快／不愉快的感情來加深對氣味的記憶。

視覺與聽覺訊息會經由大腦新皮質的視丘傳遞給大腦邊緣系統。不過嗅神經收到嗅覺訊息後，卻會直接將訊息傳遞給大腦邊緣系統。也就是說，聞到某種氣味時，便會在瞬間回憶起曾經聞過的某種氣味，立刻判斷出到這是好的氣味／不好的氣味（愉快／不愉快）。這就是為什麼嗅覺又稱為原始感覺。

另外，雖然大家都說人類的嗅覺比較遲鈍，但人類的嗅覺其實可以分辨出一萬種左右的氣味。這些嗅覺在人類感覺食物「味道」時扮演著很重要的角色。有沒有試過在捏著鼻子的情況下吃下食物呢？捏著鼻子時會很難嚐出食物的味道。這表示我們對「味道」的感覺，其實大部分是來自「氣味」。可見品嚐菜餚時，嗅覺扮演著很重要的角色。

嗅覺是最原始的受器

氣味會直接進入大腦邊緣系統

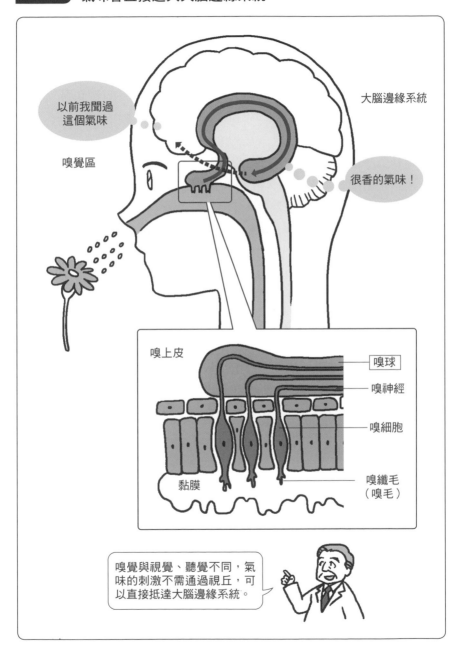

以前我聞過
這個氣味

大腦邊緣系統

嗅覺區

很香的氣味！

嗅上皮

嗅球

嗅神經

嗅細胞

嗅纖毛
（嗅毛）

黏膜

嗅覺與視覺、聽覺不同，氣味的刺激不需通過視丘，可以直接抵達大腦邊緣系統。

7 泌尿系統

8 神經系統

9 感覺系統

10 內分泌系統

11 血液、體液、血球

12 生殖系統

9-02 視覺受器位於眼睛視網膜

眼睛結構與相機相似

眼睛（眼球）可以感覺視覺訊息。眼球黑色部分的表面有一塊**角膜**，可以折射進入眼睛的光。角膜內有一個名為虹膜的**結構**，虹膜就像相機的光圈，可以調整進入眼睛的光線，而虹膜中間的孔就是瞳孔。瞳孔大小由自律神經控制，環境明亮時會縮小瞳孔，不讓過多光線進入；環境陰暗時則會放大瞳孔，以容納更多光線進入。

虹膜的深處有一個透鏡般的裝置，叫做**水晶體**，形狀類似相機的透鏡，唯一的不同在於可以調整厚度。相機可以藉由調整透鏡的位置來改變焦距，但我們卻沒辦法讓眼球前後移動，而是藉由改變水晶體厚度來改變焦距。而調整水晶體厚度的是水晶體周圍的懸韌帶，以及相連的睫狀肌。

經過角膜與水晶體折射後的光線，會在眼球深處的視網膜上成像。視網膜就像一個螢幕，可以投影出物體的形狀（p.128），使我們能夠分辨物體。視網膜上排列著許多可感測光線的感光細胞，依其形狀可以分為兩種。一種是感覺顏色的**視錐細胞**，另一種則是感覺亮度的**視桿細胞**。而視錐細胞還可以再分成感覺紅光的細胞、感覺綠光的細胞，以及感覺藍光的細胞三種。

在陰暗處比較難分辨物體的顏色，這是因為在光線不足的情況下，感覺顏色的視錐細胞接受的刺激不夠，無法產生反應。相對的，視桿細胞在光線相對弱的情況下卻可以產生反應。

 感光細胞所感覺到的光訊息會經由視神經乳頭接受，沿著視神經傳入大腦視覺區。視神經在大腦底部交叉，稱做視交叉。

感光細胞可感受光的明暗與顏色

辨別「顏色」的機制

視網膜上排列著許多可以感覺光的感光細胞。

眼睛的結構

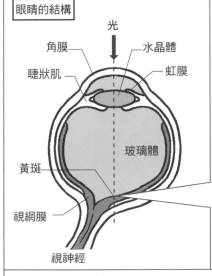

光

角膜　水晶體
睫狀肌　虹膜
玻璃體
黃斑
視網膜
視神經

感光細胞可以分為能夠感覺顏色的視錐細胞，以及可以感覺亮度的視桿細胞。

紅　視錐
暗　視桿
綠　視錐
暗　視桿
藍　視錐

視錐細胞還可以再分成三種細胞，分別感覺紅、藍、綠等顏色。

R 紅　G 綠　B 藍

在各種視錐細胞的作用下，我們可分辨不同的顏色。

看到紅色的時候

紅色光

紅　G B

看到綠色的時候

綠色光

R 綠 B

看到藍色的時候

藍色光

R G 藍

看到白色的時候

白色光

R G B
紅　綠　藍

白色光由多種顏色（藍、紅、綠）的光所組成。因此，若眼前有「白」色的物體，三種視錐細胞都必須產生反應，我們才能看見物體是白色。

7 泌尿系統

8 神經系統

9 感覺系統

10 內分泌系統

11 血液、體液、血球

12 生殖系統

9-03 聽覺受器位於內耳的耳蝸

聲音的傳遞過程與感覺機制

聽覺是我們對聲音的感覺，以及其傳遞機制。聽覺機制可以分成聲音傳導過程，以及聲音感受過程兩個階段。

如各位所知，聽覺由耳朵負責。這裡說的耳朵，不僅包括位於臉部雙側，向外張開的耳殼，也包括耳道（外耳道）及深處的各種組織。耳朵可分成**外耳**、**中耳**、**內耳**等三個區域，外耳與中耳負責將聲音傳遞進入內耳，內耳負責感覺聲音。

耳殼扮演著集音器的角色，可收集來自外部的聲音。聲音通過外耳道，位於外耳與中耳交界處的鼓膜便會振動。鼓膜的振動會進一步傳遞至中耳的聽小骨。每個聽小骨的大小都只有數毫米（mm）左右，是人體最小的骨骼。聽小骨從鼓膜由外往內依序是**槌骨**、**砧骨**、**鐙骨**，鐙骨再連接到內耳。聽小骨的工作是將鼓膜的振動放大後傳進內耳。

鐙骨與內耳的前庭部分相連。內耳藏在顱骨的顳骨內，組織複雜。上方有迴圈狀的半規管，中央有氣球般膨起的前庭，下方則有外形如蝸牛殼般呈螺旋狀的**耳蝸**。感覺聲音的受器就是這個耳蝸。

由鐙骨傳遞至前庭的振動會再傳遞至耳蝸。耳蝸內排列著許多感覺聲音的毛細胞，末端的毛可以捕捉到聲音的振動。耳蝸為螺旋狀，外側可以感覺到振動頻率較高的聲音，愈往中心則可感覺到振動頻率愈低的聲音。耳蝸所捕捉到的聲音訊息，可經由位於內耳的聽神經傳遞至大腦。

即使外耳與中耳出現問題，只要負責感覺聲音的內耳沒問題，我們便可聽到聲音。因為聲音可以藉由顱骨，將振動直接傳遞給內耳，這種機制稱做骨傳導。目前市面上已有應用骨傳導原理的耳機。

7 泌尿系統

8 神經系統

9 感覺系統

10 內分泌系統

11 血液、體液、血球

12 生殖系統

File 50 聽覺機制
我們如何聽到「聲音」

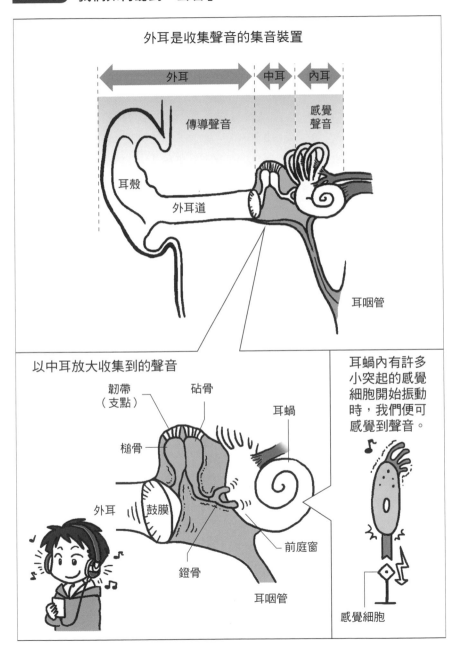

外耳是收集聲音的集音裝置

外耳　中耳　內耳

傳導聲音　　感覺聲音

耳殼

外耳道

耳咽管

以中耳放大收集到的聲音

韌帶（支點）

砧骨

耳蝸

槌骨

外耳

鼓膜

前庭窗

鐙骨

耳咽管

耳蝸內有許多小突起的感覺細胞開始振動時，我們便可感覺到聲音。

感覺細胞

9-04 身體旋轉與傾斜的平衡覺

耳朵內的兩種感應器

除了聽覺與視覺等五感，我們還可以「感覺」到身體在旋轉、傾斜，這也是一種感覺。負責感覺身體旋轉、傾斜的是位於耳朵深處的「組織」。這些位於內耳的組織可感覺到身體的傾斜程度，以及施加在身體上的加速度、身體的旋轉運動等，又稱做**平衡覺**。

平衡覺受器的本體包括位於耳朵深處的內耳**半規管**，以及位於內耳前庭的**耳石器**。

內耳內部是一個空腔，充滿名為內淋巴液的高黏度液體。而內耳半規管的頂帽，與前庭的耳石器，皆為感受身體運動與重力方向的小型感應器。

半規管有三個，可以感覺到身體的旋轉運動※。舉例來說，當頭部水平擺動，水平方向的半規管管內淋巴液便會流動，使頂帽出現些微彎曲。頂帽「感覺」到些微的彎曲時，會解讀為旋轉運動的訊息，訊息再傳遞給運動眼球的肌肉，使眼球自動做出與頭部運動相反方向的運動，達成身體的平衡。這就是為什麼不管我們的頭部怎麼移動，眼球仍可持續望向同一個方向。

三個半規管分別朝著不同方向，身體可以由三個半規管內的液體速度，判斷頭部正在以什麼樣的方式旋轉。

另一方面，耳石器主要是感覺身體的傾斜程度。頭部傾斜時，耳石器上部會因為分布在表面細小石頭（耳石）的重量而移位，感覺到移位的耳石器會發送訊息給腳部肌肉，令肌肉快速微調方向，使傾斜的身體能夠站直，我們才得以保持站立。

※垂直、水平、前後的旋轉運動。

感覺旋轉與傾斜的內耳

耳內膠狀物與耳石的功能

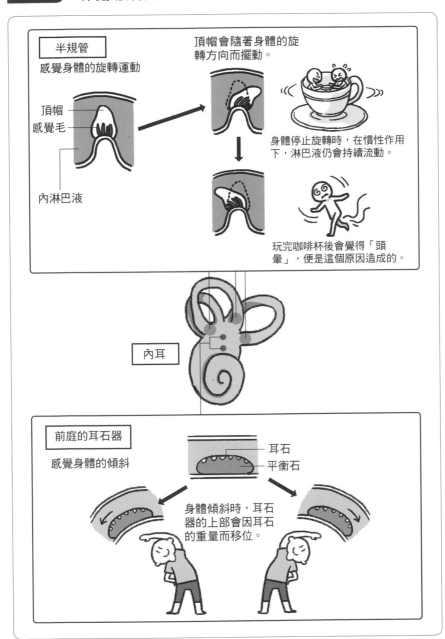

半規管

感覺身體的旋轉運動

頂帽

感覺毛

內淋巴液

頂帽會隨著身體的旋轉方向而擺動。

身體停止旋轉時，在慣性作用下，淋巴液仍會持續流動。

玩完咖啡杯後會覺得「頭暈」，便是這個原因造成的。

內耳

前庭的耳石器

感覺身體的傾斜

耳石

平衡石

身體傾斜時，耳石器的上部會因耳石的重量而移位。

7
泌尿系統

8
神經系統

9
感覺系統

10
內分泌系統

11
血液、體液、血球

12
生殖系統

9-05 味覺受器位於舌頭味蕾

五種味道：甜、鹹、苦、酸、鮮

　　人類可以感覺的味道包括甜味、鹹味、苦味、酸味、鮮味等，舌頭上的**味蕾**可以幫助我們感覺這些味道。味蕾由一群小洞中的味道感覺細胞組成。除了舌頭，咽部等部位的黏膜上也分布有味蕾。

　　舌頭表面有許多細小的突起，使其有著像天鵝絨般的表面。整個舌頭上分布著許多**絲狀乳突**，這種小小的突起中並沒有味蕾。若仔細觀察，會發現一大群絲狀乳突中混有少數較大、較紅的突起，這些突起是**蕈狀乳突**。舌頭後方有許多外型如雙圈、呈V字狀排列的**輪廓乳突**。舌頭兩側則有著像魚鰓般的**葉狀乳突**。蕈狀乳突、輪廓乳突、葉狀乳突中都有味蕾。

　　吃下食物時，糖、鹽等有味道的成分會與唾液混合，進入味蕾的小洞內，味蕾的味覺細胞可以感覺到這些成分，神經便將味覺細胞感覺到的訊息傳遞至大腦。味覺細胞的壽命約為十天，十天後就會更換一批新的細胞。味覺細胞的複製需要鋅，要是鋅的攝取不足，便可能會引起味覺障礙。

　　過去人們認為舌頭的不同部位能感覺到的味道不一樣，譬如舌頭前端只能感覺到甜味，後端只能感覺到苦味，但現在已證實這種說法是錯的。一個味覺細胞的確只能感覺一種味道，但一個味蕾中含有50～100個味覺細胞，每個味蕾在結構上並沒有顯著的差異，事實上，舌頭的每個地方都可以感覺到五種味道。

 澀味和辣味不是味覺嗎？

 澀味其實屬於一種苦味。至於辣味並不是由味蕾感覺到的味道，而是痛覺產生的感覺喔。

舌頭的結構與味蕾

舌頭表面的無數個味覺受器

7 泌尿系統

8 神經系統

9 感覺系統

10 內分泌系統

11 血液、體液、血球

12 生殖系統

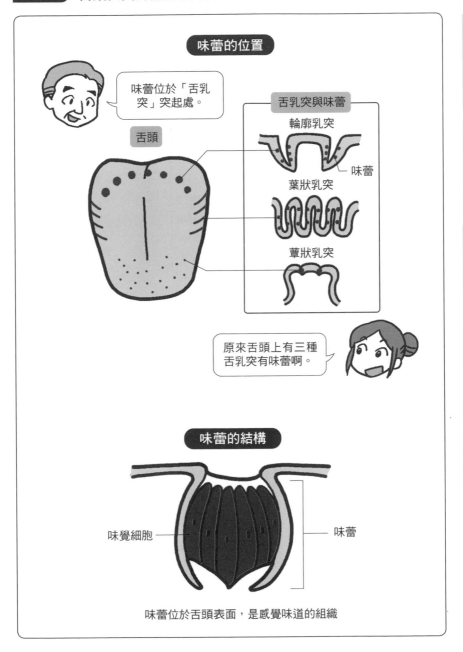

味蕾的位置

味蕾位於「舌乳突」突起處。

舌乳突與味蕾

輪廓乳突

味蕾

葉狀乳突

舌頭

蕈狀乳突

原來舌頭上有三種舌乳突有味蕾啊。

味蕾的結構

味覺細胞

味蕾

味蕾位於舌頭表面,是感覺味道的組織

鮮味是第五種味道？

特殊感覺包括嗅覺、視覺、聽覺、平衡覺、味覺等，其受器皆位於頭部。頭部是動物最前端的部位，需靠這些特殊感覺來尋找食物，或者及早感覺到敵人的存在以保護自己。或許人們會因此以為視覺是最重要的感覺，但實際看神經的分布狀況，會發現嗅神經的優先順序比視神經還要高。中樞神經系統中，負責處理視覺區域大腦的枕葉，而處理嗅覺的區域則是額葉。魚是人類的祖先，原始魚類生存於光線幾乎無法抵達的深海中，所以視覺對於原始魚類來說幾乎沒有用處，嗅覺才是牠們賴以為生的重要感覺。氣味和記憶的關係也反映了古生物的歷史。

味覺可以分成甜味、酸味、鹹味、苦味、鮮味等五種。感受味覺的細胞位於舌頭上名為味蕾的組織。當這些細胞與味道分子結合，便可將刺激傳遞至大腦，讓我們感覺到食物的味道。人類最敏銳的味覺是苦味，只要舔到一點點苦味食物就可以感受到。接著依序是鹹味、酸味、甜味。

用昆布與鰹魚熬出來的高湯味道被認為是鮮味，這對日本人來說是很熟悉的味道。距今約100年前，就已經有日本的研究者認為這種味道與其他四種味道不一樣，讓我們感覺到這種味道的是某幾種胺基酸。另一方面，西方料理中，肉湯、番茄、起司中也含有許多鮮味成分，歐美的研究者卻一直不承認鮮味是獨立的味道。直到2000年，有人發現味蕾有一種感覺細胞可以感覺到胺基酸中的麩胺酸，這才確定鮮味是第五種味道。在這樣的背景下，由於找不到適當的歐美詞語來描述這個味道，故英語的鮮味便直接套用日語umami這個字。

第 10 章

內分泌系統

　　人體可藉由內分泌系統與神經系統傳達指令給各個器官，調節這些器官的功能。這兩種系統調整器官功能的方式不大一樣，人體會善加利用這兩種系統的長處，傳達適當的指令。其中，內分泌系統會用於調整血糖與代謝等身體日常性的功能，其相關之指令的傳達速度會比較緩慢而持久。接下來，就讓我們來看看內分泌系統的機制與特徵，以及內分泌系統如何驅動器官工作。

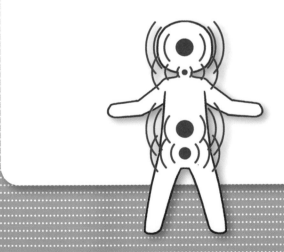

1 全身的內分泌器官

調節全身功能的內分泌系統

內分泌系統包括可以調節身體各器官功能的激素，以及分泌這些激素的**內分泌腺**。全身的內分泌腺如右圖所示。

內分泌腺會將**激素**分泌至血液中，可以刺激其他內分泌腺分泌不同激素，或者促進／抑制器官與組織的功能。激素的一大特徵是只需要極少量就能發揮作用。隨著激素種類的不同，分泌的激素量也各有差異，不過一般而言，1 mL血液中所含有的激素量皆在1 ng（奈克＝10億分之1 g）以下。

內分泌系統的指揮部是位於間腦的下視丘。內分泌系統與同樣由下視丘指揮的自律神經系統互相合作，共同發揮作用。自律神經系統藉由神經調節身體機能，內分泌系統則藉由激素調節身體功能。

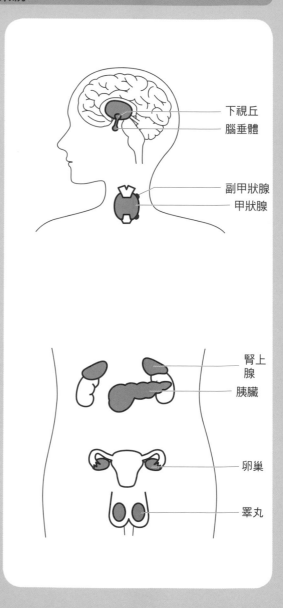

下視丘
腦垂體

副甲狀腺
甲狀腺

腎上腺
胰臟

卵巢

睪丸

7 泌尿系統

8 神經系統

9 感覺系統

10 內分泌系統

11 血液、體液、血球

12 生殖系統

2 內分泌的主要功能

細胞表面的受體可接收激素所傳遞的訊息

激素會藉由血液流動至所有身體細胞與組織。不過,只有特定器官會對激素產生反應,激素也只會作用在特定的器官與組織。這些器官與組織又稱做目標器官(或組織)。舉例來說,胰臟所分泌的胰島素,就只能作用在它的目標器官或組織,也就是肝臟、肌肉、脂肪

細胞等。也就是說,只有具與某種激素對應之受體的細胞,才能夠接受這種激素的指令。另外,如同前面提到的,只要有微量的激素就可以調節器官組織的活動。反過來說,如果激素少了一點或者多了一點,整個激素便會失去平衡,使身體無法行使正常功能。

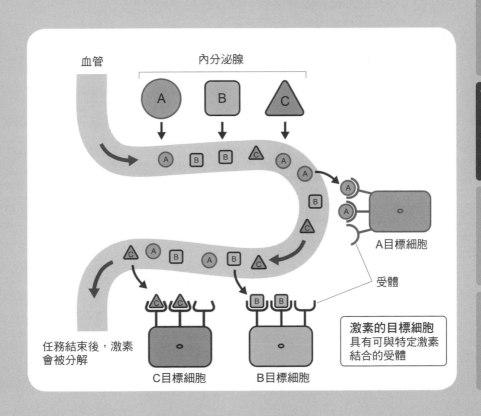

激素的目標細胞
具有可與特定激素結合的受體

10-01 下視丘與腦下垂體

下視丘刺激內分泌腺分泌激素

　　下視丘是間腦（File 44）的一部分，位於大腦前方的底部，其下方垂有腦垂體。下視丘有數個由神經元聚集而成的塊狀組織，稱做神經核。有些神經核可以分泌激素，有些神經核則與自律神經的作用密切相關。下視丘會以內分泌系統與自律神經系統調節身體機能，使身體能夠適應周圍環境與體內狀態的變化。下視丘分泌的激素作用，包括刺激腦垂體分泌激素、刺激腦垂體釋放其他激素、抑制腦垂體分泌激素等。下視丘會從全身收集各種訊息，決定該如何調節下視丘分泌的激素，藉此操控內分泌系統與自律神經，調整身體狀況。下視丘並不是直接對器官下達指令，而是經腦垂體間接控制全身的器官。

 在激素的控制系統中，多由上位激素控制下位激素。這一節提到的就是由下視丘所分泌的激素，調節腦垂體分泌的激素；再由腦垂體前葉分泌的激素控制多種下位(甲狀腺、腎上腺等)內分泌腺的激素分泌狀況。另外，下位激素也具有抑制上位激素分泌(負回饋)的功能。

腦垂體激素會刺激下位內分泌腺分泌激素

　　腦垂體可分為前葉與後葉，乍看之下是單一的內分泌腺，但前葉與後葉分別由不同部分發育而成，功能亦大相逕庭。

　　腦垂體前葉除了會分泌可以促進生長的成長激素、促進乳汁分泌的泌乳激素，由於上方之下視丘的刺激，還會分泌「刺激其他內分泌腺分泌激素」的激素。

　　腦垂體後葉釋放的抗利尿激素、催產素，其實是下視丘所合成的激素。腦垂體後葉可將下視丘合成的激素儲存起來，等收到指令再釋放出這些激素。

下視丘與腦垂體的功能

下視丘與腦垂體可協力控制激素的分泌

7 泌尿系統

8 神經系統

9 感覺系統

10 內分泌系統

11 血液、體液、血球

12 生殖系統

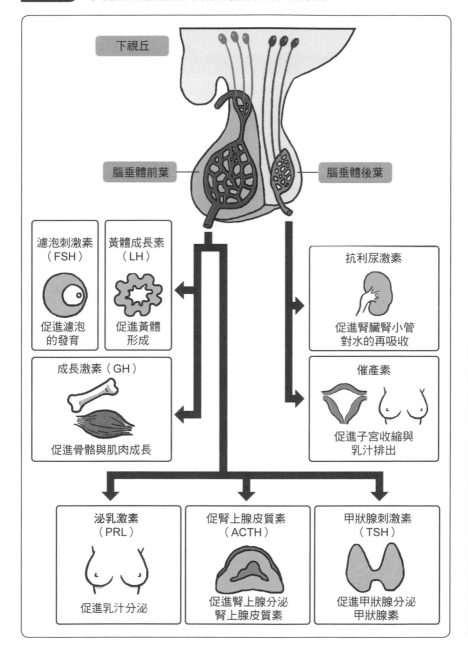

下視丘

腦垂體前葉　　腦垂體後葉

濾泡刺激素
（FSH）
促進濾泡
的發育

黃體成長素
（LH）
促進黃體
形成

成長激素（GH）
促進骨骼與肌肉成長

抗利尿激素
促進腎臟腎小管
對水的再吸收

催產素
促進子宮收縮與
乳汁排出

泌乳激素
（PRL）
促進乳汁分泌

促腎上腺皮質素
（ACTH）
促進腎上腺分泌
腎上腺皮質素

甲狀腺刺激素
（TSH）
促進甲狀腺分泌
甲狀腺素

10-02 甲狀腺與副甲狀腺

甲狀腺的激素

　　甲狀腺位於喉結下方，是緊貼喉嚨的內分泌腺，可分泌甲狀腺素與降鈣素。

　　甲狀腺素是促進身體代謝的激素，可讓全身的骨骼肌、器官燃燒大量能量，並產生熱。這會造成體溫上升，且為了將代謝必須的氧氣送至全身，呼吸與心跳速率也會加快。若甲狀腺素分泌過多，會導致甲狀腺功能亢進症，病患的代謝會變得過於活潑，即使安靜躺著，身體也會處於亢奮狀態，像是在全速奔跑一樣。相反的，甲狀腺素不足時則會導致甲狀腺功能低下症，出現代謝速率下降、體溫降低、身體水腫、便秘等症狀。此外，甲狀腺功能衰退還會讓人精神變差、動作緩慢，使老年患者常被誤認為失智症。

　　降鈣素是降低血液中鈣離子濃度的激素。血液中的鈣離子濃度必須維持一定，當鈣離子濃度過高，甲狀腺會分泌降鈣素，促進成骨作用（p.28），將血液中豐富的鈣離子用來合成骨骼，並促進腎臟排出大量鈣離子，使血液中的鈣離子濃度下降。

副甲狀腺的激素

　　副甲狀腺是位於甲狀腺後方的四個內分泌腺，如鈕扣般僅有數mm。雖然叫做副甲狀腺，但和甲狀腺是作用完全不同的腺體。

　　副甲狀腺會分泌副甲狀腺素，與甲狀腺素的降鈣素相反，是一種能夠提升血液中鈣離子濃度的激素。當血液中的鈣離子濃度下降，副甲狀腺素的分泌量會增加，促進骨吸收作用（File 07），溶出鈣離子，同時促進腎臟的再吸收作用（File 36），以保持鈣離子在血液中的濃度恆定。

7 泌尿系統	
8 神經系統	
9 感覺系統	
10 內分泌系統	
11 血液、體液、血球	
12 生殖系統	

File 54 甲狀腺素與副甲狀腺素

甲狀腺素可促進全身代謝作用活化

甲狀腺

甲狀腺素
· 三碘甲狀腺素（T_3）
· 四碘甲狀腺素（T_4）

分泌

▶ 促進代謝

分泌量過多時…

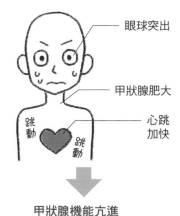

眼球突出

甲狀腺肥大

心跳加快

跳動　跳動

甲狀腺機能亢進

副甲狀腺

位於甲狀腺後側

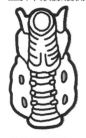

副甲狀腺素
· 副甲狀腺素

分泌

▶ 促進血液中鈣離子濃度上升

分泌量過多時…

析出過多鈣離子，使骨骼變得脆弱

尿液中的鈣離子濃度過高，造成結石

10-03 腎上腺由皮質與髓質組成

腎上腺的功能與腎臟無關

腎上腺位於左右腎臟的上方，看起來就像是腎臟的輔助器官，又稱「副腎」，但就其功能而言，和腎臟完全沒有任何關係。討論腎上腺時，需將其分成皮質與髓質。因為這兩個部分所分泌的激素功能完全不同。

腎上腺皮質所分泌的激素屬於**類固醇激素**。類固醇激素並非特定的激素名稱，而是一群以類固醇為原料製造而成的激素。腎上腺皮質分泌的激素可以分成礦物皮質素、糖皮質素、雄性素等。

腎上腺皮質素中的糖皮質素，又稱做腎上腺皮質類固醇，或可體松，常用做藥物使用。大量糖皮質素可以抑制發炎（消炎作用），故類固醇劑常用於皮膚炎或其他會引起全身發炎之疾病（風濕病、氣喘等）的治療藥物，也做為免疫抑制劑而被廣為使用。

腎上腺皮質會分泌雄性素，也就是說，女性也會分泌雄性素。雄性素可以促進性功能發達、體毛濃厚、皮脂分泌。

腎上腺髓質可分泌刺激交感神經的激素，使身體進入臨戰狀態（包括腎上腺素等）。腎上腺素可提升血糖與血壓，促進代謝，與交感神經的功能類似。

腦垂體前葉(File 53)可刺激腎上腺皮質分泌激素，而控制腎上腺髓質激素分泌的則是交感神經。

腎上腺皮質

腎上腺皮質可分泌三種類固醇激素

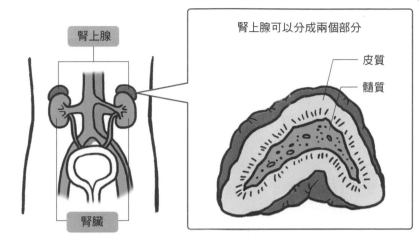

腎上腺可以分成兩個部分

皮質
髓質

腎上腺
腎臟

將醣類儲存在體內，提升血糖

醣
體內
醣 醣

糖皮質素

雄性素

肌肉
隆起

促進分泌男性激素

礦物皮質素

Na
Na
Na Na
Na

促進Na的再吸收

7
泌尿系統

8
神經系統

9
感覺系統

10
內分泌系統

11
血液、體液、血球

12
生殖系統

胰臟分泌的激素

使血糖上升、下降的激素

　　胰臟如p.86的說明所示，可以分泌強力的消化液——胰液。胰液由胰臟內名為腺泡的組織製造，再經**主胰管**注入十二指腸。另一方面，胰臟也會分泌激素。胰臟的激素是由分散在腺泡組織間，名為**胰島**的組織所分泌。也就是說，胰臟除了可以分泌消化液，屬於外分泌腺，也是可以分泌激素的內分泌腺。

　　胰臟會分泌能提升血糖的升糖素，以及降低血糖的**胰島素**。

　　血糖就是指血液中的葡萄糖濃度。葡萄糖是人類細胞最容易利用的能量來源（p.94）。特別是腦部只能利用葡萄糖，故血糖需常保持在一定濃度。若血糖嚴重過低，可能會使意識模糊，甚至失去意識。如果沒有進食，血糖下降，胰臟便會開始分泌升糖素。升糖素會送到肝臟，促進肝臟釋放出葡萄糖。而肝臟除了會將儲藏的肝糖分解成葡萄糖，也會將醣類以外的營養素轉變成葡萄糖，釋放於血液中，最後使血糖上升。

　　吃下食物、吸收食物中的醣類後，身體血糖濃度會提升。血糖濃度沒有太高的必要，故身體會將多餘的葡萄糖先儲存起來，以備不時之需。這時就輪到胰島素登場。血糖過高時，胰臟會開始分泌胰島素，命令骨骼肌與脂肪組織「回收葡萄糖！」於是，這些細胞組織便會從血液中吸收葡萄糖，使血糖濃度下降。

 人體降低血糖濃度的激素只有胰島素一種，提升血糖濃度的激素除了升糖素還有數種激素。

血糖與激素

胰島 β 細胞可分泌胰島素

7 泌尿系統

8 神經系統

9 感覺系統

10 內分泌系統

11 血液、體液、血球

12 生殖系統

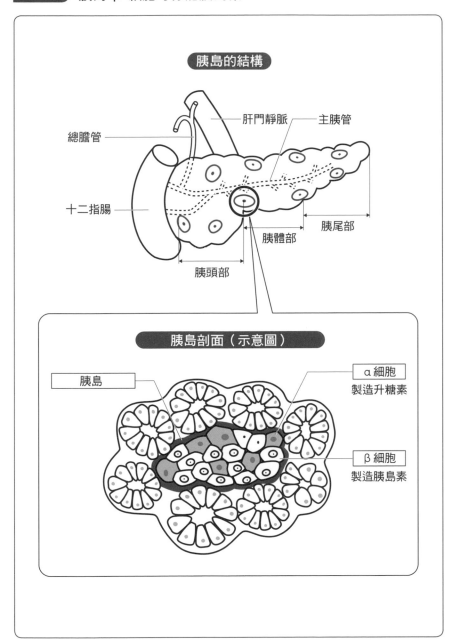

胰島的結構

總膽管

肝門靜脈　主胰管

十二指腸

胰尾部

胰體部

胰頭部

胰島剖面（示意圖）

胰島

α 細胞
製造升糖素

β 細胞
製造胰島素

激素分泌量

　　激素抵達目標器官或組織之後，便會與細胞的受體結合，傳達指令。然而激素卻完全無法與受體以外的任何物質結合。也因此，血液中雖然含有多種激素，但大部分激素分子都沒有被用到。舉例來說，下視丘所分泌的激素，可刺激腦垂體分泌激素。下視丘與腦垂體僅距離幾cm，激素會藉由血液流過，傳達指令，但如果採集手臂靜脈血，可發現這些激素分子。也就是說，全身的血液中都可以找到這些激素，只是濃度非常低。

　　血液中溶有大量蛋白質，每1 dL（100 mL）血清含有7 g蛋白質（7 g/dL）。葡萄糖的含量比這還少很多，約為100 mg/dL。1 mg為1 g的1/1,000，而1 mg的1/1,000則是1μg（微克）。以μg為單位計量的激素，已算是濃度相當高的激素。1μg的1/1,000是1 ng（奈克），大部分激素都是以這個單位計算濃度。1 ng的1/1,000是1 pg（皮克），1 pg的1/1,000是1 fg（飛克），聽起來少得不可思議，但血液中有某些激素卻需以pg或fg計算其濃度。如此微量的激素又是如何測定其濃度的呢？事實上，即使濃度這麼低，費時數小時一樣能夠測得出來。測量激素濃度時，需要以抗體進行免疫測定法。科學家開發出可應用之胰島素免疫測定法，後來因此獲得諾貝爾獎。雖然現在要測量激素濃度已不是什麼難事，但激素的研究在一開始卻相當困難。首先，研究者需要萃取出想研究的激素。為此，研究者需要蒐集幾千頭動物的頭、腎上腺、胰臟等，才能從這些部位萃取出微量的激素，作為實驗材料，進一步研究各種激素的作用。

第 11 章

血液、體液、血球

　　我們的身體有一半以上由水分組成，成分與海水相當類似。有人說這是因為人類很久很久以前是從魚類進化而來，才會遺留這樣的特徵。

　　說到人體的水分，第一個想到的應該是血液。血液可分成液體成分的血漿與固體成分的血球，這些成分皆承擔著很重要的工作。

　　本章將以血液為中心，說明體液的組成與功能。

1 血液組成

紅血球、白血球和血小板的比例

血液是在血管內流動的液體。血液量約占體重的8%，體重60 kg的成年男性約有5 L的血液。

抽血所得的血液會先加入防止凝血的藥劑，然後用離心機離心，將血液分成沉澱的血球與上清液的**血漿**。血球可再分成紅血球、白血球、血小板，其中大部分血球是紅血球。血漿主要成分是水，還溶有鈉、鉀等電解質，以及蛋白質、葡萄糖、脂質、凝血因子（p.168）等成分。

將抽出的血液放置在試管中，會形成血塊，與液體部分分離。這些液體又稱做**血清**，與血漿不太一樣。血漿中使血球形成血塊成分後剩下的液體才是血清。

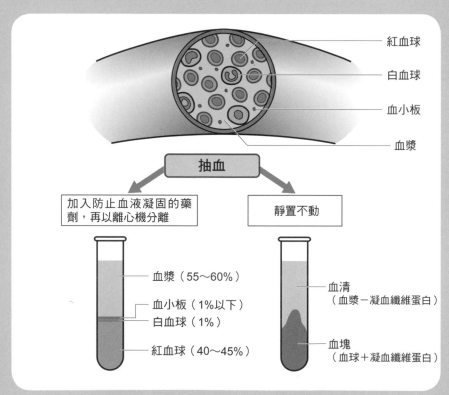

紅血球
白血球
血小板
血漿

抽血

加入防止血液凝固的藥劑，再以離心機分離

靜置不動

血漿（55～60%）
血小板（1%以下）
白血球（1%）
紅血球（40～45%）

血清（血漿－凝血纖維蛋白）

血塊（血球＋凝血纖維蛋白）

7 泌尿系統
8 神經系統
9 感覺系統
10 內分泌系統
11 血液、體液、血球
12 生殖系統

2 血液的功能

負責運送氧氣、營養素、激素

　　血液循環全身永不停歇，主要功能就是運送物質。血液就像貨車一樣，藉由心臟的收縮提供動力，沿著循環系統建構而成的路徑移動。接著就讓我們一個個來看看血液所運送的物質吧。

　　首先是氧氣與二氧化碳。由肺部吸入的氧氣會與紅血球的血紅素結合，再送至全身細胞。而從全身細胞回收的二氧化碳則是溶解在血漿內運回肺部，再從肺部排出。

　　血液還可以運送營養素。小腸吸收的醣類與胺基酸、脂質等營養素會溶在血漿內，運送至肝臟。而肝臟合成的蛋白質、肝臟所釋出的

醣類也可藉血液運送至全身細胞。運送激素也是血液的工作。內分泌腺所分泌的激素會注入血管，藉血液送至目的地。而由全身細胞所產生的廢物亦會透過血液送至腎臟，包括蛋白質代謝後產生的尿素，核酸代謝後產生的尿酸等。

　　除了運送物質，血液還有一個很重要的功能，就是白血球可擊退細菌、病毒等入侵身體的異物，也就是免疫功能（File 60, 61）。再來就是當血管受傷出血，血液可發揮止血功能（File 58）阻止血液流出血管。

血液內的血球與物質			
紅血球	紅血球內的血紅素可以將氧氣運至體內細胞，將二氧化碳運至肺部。	營養素	建構身體所需的材料。
白血球	保護身體不被細菌與病毒等異物入侵。	激素	維持人體平衡的工程監督。
血小板	堵住出血的傷口，止血作用。	氧氣與二氧化碳	巡迴全身的管道，如同電力或水管線路等基礎建設。

11-01 紅血球運送氧氣

紅血球的紅色來自血紅素

　　紅血球直徑約7～8μm，為中央向內凹的圓盤狀血球，占全血液體積的40～45%。紅血球之所以是紅色，是因為所含的血紅素（血色素）是紅色的。

　　血紅素是由含鐵的血基質，與一種叫做球蛋白（globins）的蛋白質所組成。因此，要是體內鐵質不足，就會因為血紅素不足或紅血球不足導致貧血。血紅素具有容易和氧氣結合的性質，可在肺的肺泡內與氧氣結合，再將氧氣送至全身各細胞。血紅素與氧氣結合時會呈現鮮紅色，與氧氣分離時會轉變成暗紅色。因此，含有大量氧氣的充氧血為鮮紅色，氧氣含量少的缺氧血則呈現暗紅色。各位在健康檢查時應該看過抽出來的血液吧，那就是缺氧血的顏色。

為什麼紅血球比微血管徑還大，卻可通過微血管？

　　紅血球是骨骼的骨髓製造，再由行經骨骼的血管帶出。骨髓的造血幹細胞是所有血球細胞的源頭。造血幹細胞經過分裂、分化後，可形成紅血球。紅血球之所以是圓盤狀，是因為紅血球在成熟過程中會脫去細胞核，因此成熟的紅血球沒辦法自行分裂來增殖。另一方面，研究人員發現，當紅血球要通過口徑比自己還要窄的微血管，會摺疊起來再通過。如果紅血球是完美球形，就沒辦法這麼做了。

　　紅血球的壽命約為120天。脾臟可破壞老化的紅血球，不過紅血球的血紅素是由脾臟與肝臟共同處理。脾臟與肝臟從老化紅血球中抽出的鐵質可以成為新紅血球的材料，老化紅血球剩餘的部分將會成為膽汁的成分之一——**膽紅素**（p.88）。

紅血球與血紅素

血紅素是氧氣運送員

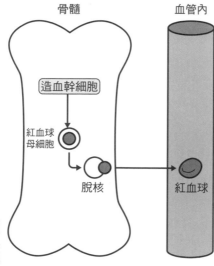

紅血球形成過程

骨髓　　　　　　　　血管內

造血幹細胞

紅血球
母細胞

脫核　　　　　　　紅血球

可以把紅血
球母細胞想
成是未成熟
的血球細胞

貧血狀態的迴轉壽司

 紅血球　　 血紅素　　 氧氣

看起來好
好吃！

這就是貧血
狀態？

正常

貧血

盤子（紅血球）內一定有兩貫
份量的醋飯（血紅素），醋飯
上也一定有食材（氧氣）。

盤子（紅血球）上的醋飯（血
紅素）不足，上面的食材（氧
氣）也不夠。

11-02 血小板可阻止出血

溶於血漿的凝血因子來相助

血小板與紅血球同樣是從骨髓的造血幹細胞分化出來的，但其分化過程與紅血球有很大的差異。幹細胞會先分化成體積龐大的巨核細胞，接著再碎裂成許多小小的血小板，大小大約只有2～3μm，不含細胞核，形狀也不規則。

血小板的工作就是止血。不過，單靠血小板並沒有辦法止血，還需要溶於血漿中之**凝血因子**的幫助，才能夠止住出血。

血管受傷時，血管本身會先收縮，使該部位的血流速度變慢。當血小板接觸到血管受傷處剝落的膠原蛋白，便會活化並附著在上面，開始執行止血功能。活化後的血小板會改變形態，伸出觸手般的結構，拉近其他血小板，成為一團能夠蓋住傷口的密集細胞塊。

然而，血小板的細胞塊容易剝落，光靠它並不足以止血。故活化後的血小板還會釋放出能夠活化血漿中之凝血因子的物質。於是許多凝血因子便會一個接一個地產生反應，最後，**凝血纖維蛋白原**會轉變成**凝血纖維蛋白**，形成纖維狀結構。血纖維蛋白可以在血管受損的部位張開一張網，這張網不只會網住血小板，也會把紅血球包進來，形成能夠堵住血管受傷處的凝集血塊。這種由凝血纖維蛋白與血球所凝固而成的血塊，稱做血栓。

血管的受損處恢復之後，一種叫做纖溶酶的物質便會開始慢慢溶解血栓，稱做纖溶作用（纖維蛋白溶解作用）。纖溶作用結束後，血栓就會消失，血管壁也會恢復原狀。

 凝血因子除了凝血纖維蛋白原，還包括凝血酶原、鈣離子、抗血友病因子等十多種物質。肝臟可製造其中數種凝血因子，故罹患肝病時，凝血因子的產量下降，身體就變得容易出血。

血小板的止血作用

血小板是止血的前鋒

7 泌尿系統

8 神經系統

9 感覺系統

10 內分泌系統

11 血液、體液。血球

12 生殖系統

血小板的形成過程

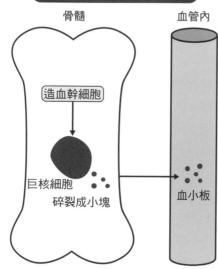

骨髓

血管內

造血幹細胞

巨核細胞
碎裂成小塊

血小板

血管損傷與止血

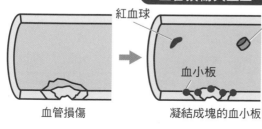

紅血球

凝血纖維蛋白原

紅血球

血栓

血小板

血管損傷

凝結成塊的血小板

凝血纖維蛋白可使紅血球纏在一起，形成更為堅固的血塊

凝血纖維蛋白原與凝血纖維蛋白

凝血纖維蛋白原（易溶）

凝血纖維蛋白（難溶）

凝血纖維蛋白原可溶於液體的血漿中。不過當凝血纖維蛋白原聚合在一起形成凝血纖維蛋白時，便會使血漿凝結成塊，使血液凝集。

11-03 白血球分為五種

外型和功能各不同

血球中的**白血球**負責擊退入侵的細菌與病毒。白血球與紅血球、血小板一樣,都是骨髓的造血幹細胞分化而來的。具有細胞核是白血球的一大特徵是有細胞核,但白血球並沒有像紅血球那樣的紅色素。

白血球可以分成五種,分別是**嗜中性球、嗜酸性球、嗜鹼性球、淋巴球、單核球**。嗜中性球、嗜酸性球、嗜鹼性球這三種白血球的細胞內都有一些名為「顆粒體」的物質,故被稱做**顆粒球**。而之所以會有「嗜中性」「嗜酸性」「嗜鹼性」等名稱,是因為在檢查白血球時會進行染色,不同的白血球會被不同性質的色素染色。例如,嗜鹼性球會被鹼性色素染色,嗜酸性球會被酸性色素染色。

嗜中性球是白血球中數量最多的一種,占所有白血球的60～70%。簡單來說,嗜中性球就是戰場最前線的步兵,碰上細菌時,嗜中性球是站第一線殺敵的白血球。嗜酸性球與嗜鹼性球的數量皆不多,一般認為可能和過敏反應有關。

淋巴球內部沒有顆粒,是一種比較小的白血球。約占所有白血球的20～30%,是人體免疫功能的核心。淋巴球還可分成數個種類,某些淋巴球就像免疫功能的司令般,指揮其他白血球作戰;某些淋巴球則會釋放出名為**抗體**的化學物質,與敵人的**抗原**對抗,引起免疫反應;還有些淋巴球不受任何指揮,單獨與敵人對抗。

單核球是一種稍大的白血球,在血管中呈圓球狀(這種狀態下稱做單核球),不過一旦出了血管,就會伸出觸手,進行變形蟲運動,變身成巨噬細胞。巨噬細胞會出現在淋巴結、脾臟、肺的肺泡內,可以清除入侵體內的異物,也可以將敵人的訊息報告給免疫功能的司令細胞,在免疫功能中扮演著很重要的角色(File 60)。

白血球的種類

白血球的工作就是「免疫」

7 泌尿系統

8 神經系統

9 感覺系統

10 內分泌系統

11 血液、體液、血球

12 生殖系統

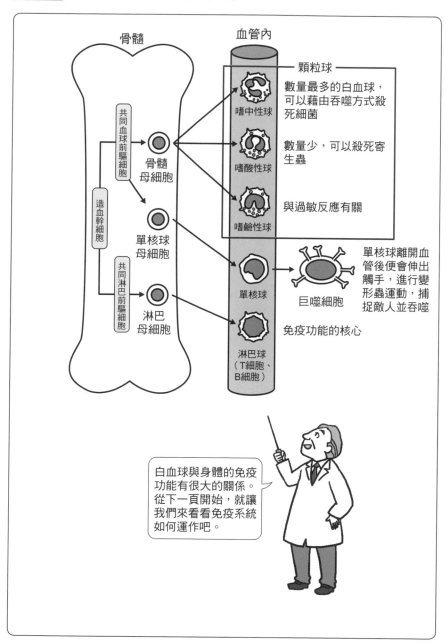

骨髓

血管內

共同血球前驅細胞

造血幹細胞

共同淋巴前驅細胞

骨髓母細胞

單核球母細胞

淋巴母細胞

顆粒球

嗜中性球
數量最多的白血球，可以藉由吞噬方式殺死細菌

嗜酸性球
數量少，可以殺死寄生蟲

嗜鹼性球
與過敏反應有關

單核球 → 巨噬細胞
單核球離開血管後便會伸出觸手，進行變形蟲運動，捕捉敵人並吞噬

淋巴球（T細胞、B細胞）
免疫功能的核心

白血球與身體的免疫功能有很大的關係。從下一頁開始，就讓我們來看看免疫系統如何運作吧。

11-04 在最前線抵擋敵人入侵的「非專一性防禦」

不管敵人是誰，先攻擊再說

生活中圍繞著許多細菌與病毒，這些東西會威脅我們的身體。而站出來抵抗威脅、保衛身體、維持健康的，就是人體一直在與病菌戰鬥的免疫系統。那麼，免疫系統是如何在我們沒注意到的地方與外來威脅戰鬥的呢？

首先讓我們來看看站在第一線阻止敵人入侵的成員吧。在血管或肺泡之類的地方，有著嗜中性球與**巨噬細胞**擔任身體防衛軍的前線部隊。這些白血球會在自己負責的區域內巡邏，一旦發現區域內有細菌或病毒等**抗原**入侵，就會馬上突擊敵人，將敵人吃下去殺死。這一連串的作用展現了白血球的趨化能力、吞噬能力、殺菌能力，合起來稱做吞噬作用。受傷時，傷口附近會流膿。這些就是吃下細菌後死亡的嗜中性球屍體。嗜中性球在吞噬許多細菌等抗原之後，自己也會死亡。而巨噬細胞可說是個大胃王，可以吃下非常多的抗原。巨噬細胞除了吞噬作用，還會將抗原的訊息傳達給免疫系統的司令部，在免疫系統中扮演著重要角色。這些細胞的吞噬作用是人體與生俱來的防衛反應，稱做**先天免疫**，又叫做「**非專一性防禦**」。

在免疫現象中，先天免疫指的是在遭遇敵人（病原體）之前就具有的防禦功能；相較於此，遭遇敵人之後所建構的防禦功能，則稱做後天免疫（p.174）。

 我們會用免疫力的強弱來表示個體的抵抗力強弱。譬如說，容易感冒的人就是抵抗力比較弱的人。

先天免疫

巨噬細胞與嗜中性球的功能

抗原

巡邏中發現病菌
（抗原）！

嗜中性球

馬上去處理！！

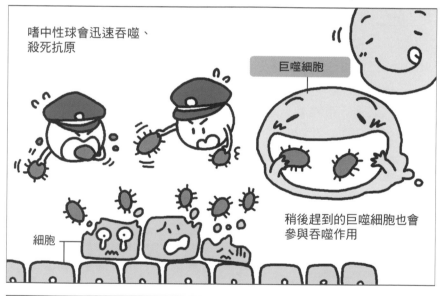

嗜中性球會迅速吞噬、
殺死抗原

巨噬細胞

細胞

稍後趕到的巨噬細胞也會
參與吞噬作用

接著，巨噬細胞會
將細菌的訊息傳達
給其他白血球

多謝款待！

7 泌尿系統

8 神經系統

9 感覺系統

10 內分泌系統

11 血液、體液、血球

12 生殖系統

11-05 以抗體為武器的後天免疫

製造抗體的淋巴球會記憶敵人

有時，僅嗜中性球與巨噬細胞在第一線戰鬥，仍無法阻止敵人入侵。入侵體內的敵人會到處攻擊健康細胞，引起發炎，降低器官功能，這時就該輪到淋巴球登場了。淋巴球依其功能可以分成數種細胞，這些淋巴球可互相合作攻擊敵人。

巨噬細胞可吞噬入侵的抗原，並將抗原訊息傳遞給防衛軍本部——淋巴球的總司令，**輔助T細胞**。輔助T細胞知道了「是什麼樣的抗原入侵」之後，便會自我增殖，並指示淋巴球中的**B細胞**「製造並釋放出可以打倒敵人的武器」。

於是B細胞便會以輔助T細胞的訊息為依據，製造並釋放出消滅敵人的有效武器「**抗體**」。細菌與病毒等會引起免疫系統反應的物質稱做抗原，而B細胞所製造的武器則稱做抗體。抗體由名為球蛋白的蛋白質構成，也稱做免疫球蛋白。抗體接觸到病菌等抗原後，便會破壞這些抗原；抗體也可附著在抗原上做為標記，指引巨噬細胞等前來攻擊抗原。像這樣以抗體攻擊侵入身體抗原的免疫機制，稱做**體液免疫**。

攻擊抗原的過程中，B細胞會記下抗原的訊息，成為記憶B細胞，持續生存在體內。當同種抗原再度侵入人體，便可馬上製造抗體，排除抗原。這就是所謂的「免疫力」。一個B細胞只能製造出一種抗體，沒辦法製造出能攻擊其他抗原的抗體。換言之，一個B細胞所製造的抗體是面對單一抗原時的專用武器，對其他抗原不會有任何效果。因此，身體受過多少不同敵人的攻擊，體內就有多少不同記憶B細胞。這種防禦反應是在感染後才獲得的免疫效果，故稱做**後天免疫**。

後天免疫
以淋巴球為主角的後天免疫

7 泌尿系統

8 神經系統

9 感覺系統

10 內分泌系統

11 血液、體液、血球

12 生殖系統

交出病菌（抗原）相關訊息的巨噬細胞

收到！辛苦你了！

輔助T細胞

輔助T細胞會立刻將訊息傳遞給B細胞

B細胞

如此這般

拜託你們囉

了解

B細胞會開始製作抗體做為武器

抗體

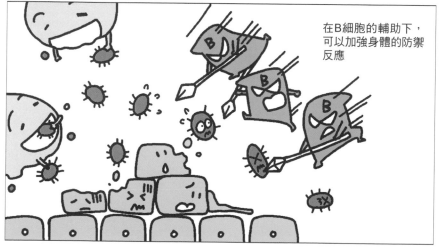

在B細胞的輔助下，可以加強身體的防禦反應

11-06 體液的組成與性質

人與「水」的密切關係

人體有60%是水，不過這是以一般體格的男性為標準。計算水的質量占體重的比例，可以知道孩童的這個數字會比60%高，女性、肥胖者等體脂肪比較高的人、老年人的這個數字則較低。

人體的水分皆稱做**體液**。體液中有三分之二是在細胞內，稱做細胞內液，另外三分之一～四分之一是血液的液體成分——血漿，剩下的體液則是填充於細胞之間、組織之間的組織液。

體液的主要成分是水，溶有鈉離子、鉀離子、氯離子等電解質，以及蛋白質、葡萄糖等物質。體液的pH值總是維持在7.35～7.45的弱鹼性，若pH值超出這個範圍，身體各處功能便會出現異常。

細胞內的體液就是細胞內液，細胞周圍的體液就是細胞外液。是這個意思嗎？

沒錯。細胞內液的鉀離子(K^+)含量較高，細胞外液則是鈉離子(Na^+)含量較高。

那血液呢？

這個問題問得很好。血液可以視為細胞外液。在生物演化的過程中，當細胞數增加，就必須有一套系統，將各細胞間的蛋白酶、營養送至需要的部位(循環全身)。

水分攝取不足或者大量出汗時，會引起脫水症狀。脫水可以分為兩種，一種只有失去水分，細胞內液與細胞外液同時減少；另一種則是同時失去水分和鈉離子，只有細胞外液會減少。

體液的組成

細胞內液與細胞外液

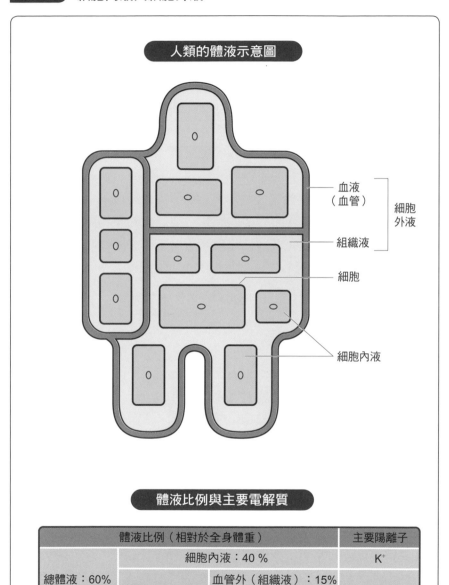

人類的體液示意圖

血液（血管）
組織液
細胞
細胞內液

細胞外液

體液比例與主要電解質

體液比例（相對於全身體重）			主要陽離子
總體液：60%	細胞內液：40 %		K^+
	細胞外液：20%	血管外（組織液）：15%	Na^+
		血管內（血管）：5%	

7 泌尿系統

8 神經系統

9 感覺系統

10 內分泌系統

11 血液、體液、血球

12 生殖系統

11-**07** 體液的酸鹼平衡

體液保持弱鹼性的機制

人類體液的酸鹼值需要一直保持在pH 7.35～7.45之間的弱鹼性，只要稍微超出這個範圍，身體各種功能便無法正常運作，嚴重的話還會失去意識，甚至造成死亡。因此，身體需以各種機制調節體液的pH值。

人體經常會產生各種酸性物質。提到酸，各位可能會想到胃液的鹽酸（胃酸）之類的物質，不過胃液是在胃內作用，並不會影響體液的pH值。體內的酸性物質主要是二氧化碳。人體能以氧氣氧化醣類等營養素，藉此產生維持生命需要的能量，而氧化的產物中便會含有二氧化碳。二氧化碳溶解在體液中時會產生酸（H^+），如以下化學式所示。因此，代謝大量物質之後，體液會傾向酸性。

$$H_2O + CO_2 \rightarrow H_2CO_3 \rightarrow H^+ + HCO_3^-$$

體內產生的酸（H^+）可以藉由尿液排泄掉，或者以二氧化碳的形式從肺部排出。不過，這些方式都沒辦法應付體液酸鹼的迅速變化。舉例來說，如果突然呼吸困難，人體就會迅速累積二氧化碳，使體液突然變成偏酸性。這時候身體無法藉由呼吸的方式排出二氧化碳，也沒辦法馬上以排出尿液的形式排出酸性物質。這時候，血液就會用血液中的某些物質中和酸（H^+）使血液保持弱鹼性，這個機制就叫做緩衝系統。

右頁的化學式就是緩衝系統中的代表反應之一。上方的化學式顯示，二氧化碳溶於水之後可產生酸，反應式中的箭頭皆朝向右方。但事實上，這個反應並不是單方向往右或往左進行，而是雙方向同時進行。右頁的化學式是將上方的化學式左右顛倒。當酸（H^+）增加，酸（H^+）會與血液中的碳酸氫根離子（HCO_3^-）結合成碳酸（H_2CO_3），於是血液中的酸（H^+）含量便會下降，恢復至原來的水準，使血液的pH值得以維持。如果酸（H^+）單獨存在於血液中，會使血液pH值下降，不過只要緩衝系統正常運作，便可將pH調整回來。

7 泌尿系統

8 神經系統

9 感覺系統

10 內分泌系統

11 血液、體液、血球

12 生殖系統

File 63 體液的 pH 值

體液需時時保持弱鹼性

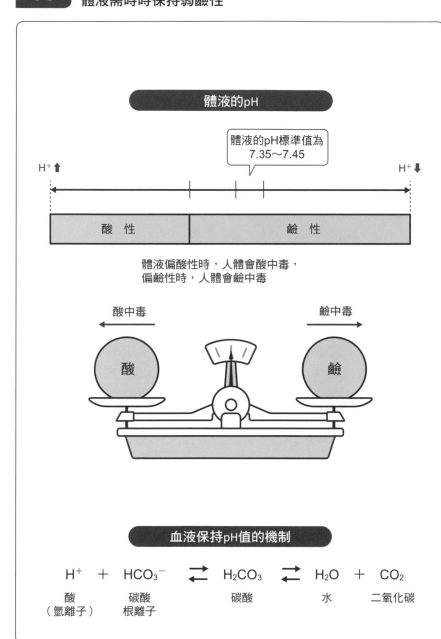

體液的pH

體液的pH標準值為
7.35～7.45

H⁺ ↑   H⁺ ↓

酸 性	鹼 性

體液偏酸性時，人體會酸中毒，
偏鹼性時，人體會鹼中毒

酸中毒 ←   → 鹼中毒

酸   鹼

血液保持pH值的機制

$$H^+ \; + \; HCO_3^- \; \rightleftarrows \; H_2CO_3 \; \rightleftarrows \; H_2O \; + \; CO_2$$

酸   碳酸   碳酸   水   二氧化碳
（氫離子） 根離子

凝血因子

　　血小板負責止血工作，不過止血除了要有血小板，還需要其他條件才能順利進行。首先，如果血管本身的結構有問題，就沒辦法順利止血。若血管受傷，血液中的血小板一開始會聚集在一起，形成覆蓋傷口的塊狀物，稱做血栓。由於這是由血小板所形成的血栓，故又稱做血小板血栓。要是血小板的數量過少，或者功能出問題，就沒辦法形成血栓，止住出血。血小板血栓形成後的三十分鐘左右，血液中一群稱做凝血因子的物質便會聚集在一起，補強由血小板所形成的血栓。凝血因子包含了十種以上的物質，幾乎都是蛋白質，會產生一系列的連鎖反應，形成各種止血物質，在最後一個步驟中，則會由名為凝血纖維蛋白、如強力漿糊般的物質塞住血管破損處，這就是所謂的纖維血栓。纖維血栓是在血小板血栓之後形成的，所以又稱做二次血栓。約一週後，血管壁修復完成，纖維血栓就會在血液中其他物質的作用下逐漸溶解，使血管恢復原本的狀態，稱做血纖維溶解。也就是說，在一般止血過程中，不僅需要血小板，還需要各種凝血因子與血纖維溶解作用才能完成止血工作。

　　每種凝血因子都有自己的編號，一般用羅馬數字表示，從凝血因子I到凝血因子XIII（不過VI缺號）。其中，凝血因子VIII（8）是蛋白質。某種疾病的患者會因為基因異常，先天缺乏這種蛋白質。若缺乏凝血因子VIII，止血過程中雖然仍可形成血小板血栓，後續卻無法形成纖維血栓，故容易出現關節內出血、肌肉內出血等狀況。這就是我們平常聽到的血友病（又稱血友病A，以與缺乏凝血因子IX（9）所造成的血友病區別）。

生殖系統

　　男性與女性的生殖器有著產生後代的功能與使命。男性生殖器可製造精子,女性生殖器可製造卵子。而在一億名以上的競爭者中,只有一個精子能在最後與卵子結合。

　　接著讓我們來看看生命的根源,生殖器的運作機制吧。

生殖系統

1 女性生殖器

女性生殖器各部位名稱

　　卵巢、**輸卵管**、**子宮**、**陰道**等生殖器位於腹腔下方的骨盆※內。子宮前方有膀胱，後方則是直腸。子宮是**受精卵**發育的地方，外型有如倒掛的洋梨，未懷孕時的子宮長度約為7～8 cm，重量約為50 g。子宮上方的部分是**子宮體**，下方如脖子般收細的部分則是**子宮頸**（頸部），開口處為子宮口，子宮口再往外就是陰道以及外陰。

　　子宮往兩側伸出輸卵管。輸卵管後端的膨大部分稱做輸卵管壺腹，末端有一個開口狀的結構，稱做**喇叭口**。喇叭口再過去則是卵巢，不過輸卵管傘與卵巢之間並沒有直接接觸。

※由髖骨、薦椎骨、尾骨組成（參考第3章 運動p.24）。

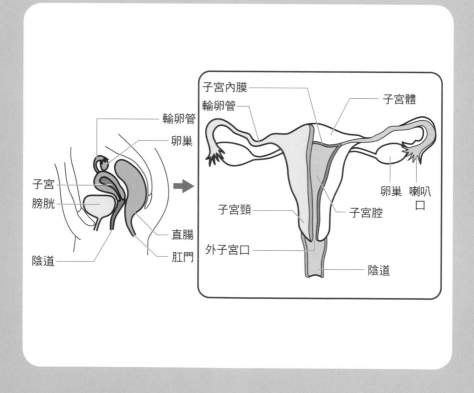

7 泌尿系統

8 神經系統

9 感覺系統

10 內分泌系統

11 血液、體液、血球

12 生殖系統

2 男性生殖器

男性生殖器各部位名稱

男性生殖器包括**睪丸**、**輸精管**、**精囊**、**射精管**等。射精管在膀胱下方與前列（攝護）腺的尿道匯合，在此之後則與泌尿系統共用尿道，由此排出精液。另外，陰莖的海綿體在排尿時不會充血，只有在性興奮的時候才會充血，故屬於生殖器。

睪丸位於**陰囊**內，垂掛於身體外部。下圖為睪丸的剖面。睪丸內分為許多小房間，內部塞滿許多細小蜷曲的曲細精管，曲細精管彼此匯集之後進入副睪，副睪丸位於睪丸後方，這時副睪管會先下降再迴轉向上，副睪管迴轉之後便改稱輸精管。輸精管會通過鼠蹊部進入骨盆，從膀胱上方繞到後方與精囊匯合成射精管，再進入前列線尿道。

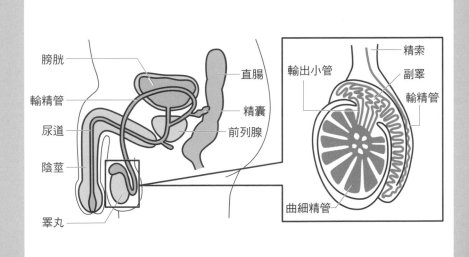

膀胱
輸精管
尿道
陰莖
睪丸

直腸
精囊
前列腺

輸出小管
精索
副睪
輸精管
曲細精管

12-01 女性生殖器與生理週期

每個月都為懷孕準備的女性身體

擁有懷孕功能的女性，身體每個月都需為了懷孕而進行準備。所謂的懷孕準備，指的就是釋出成熟卵子，以便與精子受精，並準備提供胎兒發育的場所——子宮內膜。做好了這些準備，卻沒有懷孕，便會完全捨棄。從準備胎兒發育場所，到捨棄這些東西的過程中，女性的身體會發生一連串變化，這段期間就是所謂的生理週期。

我們會用月經這種顯著的生理現象做為兩次生理週期之間的分界。月經開始的那天到下一次月經開始的前一天是一個生理週期，又稱做月經週期。月經週期的中點是排卵的時間，而月經週期還可依排卵時間點，再分為前後兩個期間。

卵巢從月經開始到排卵之間的期間，稱做濾泡期。在這段期間，卵子會逐漸成熟，為排卵做好準備。另一方面，子宮內膜會逐漸增厚，就像把坐墊一層層墊高一樣，準備接納未來的受精卵。在腦垂體分泌的**濾泡刺激素**（FSH）（File 53）的刺激下，卵巢內的數個濾泡會愈長愈大。長大的濾泡會分泌**雌性素**（estrogen），促使卵子成熟，並促進子宮內膜增殖。

隨著雌性素的分泌量增加，腦垂體接著會分泌**黃體成長素**。腦垂體會分泌大量黃體成長素，促使濾泡排出卵子，也就是**排卵**。排卵之後，濾泡剩下的部分會變成黃色，稱做**黃體**。黃體會分泌**黃體素**（progesterone），使濾泡期時增厚的子宮內膜變得鬆軟，利於受精卵潛入子宮內膜。

若是排卵後的卵子沒有與精子相遇、沒有懷孕，原先增厚的子宮內膜便會剝離、廢棄，這就是所謂的月經來潮。在黃體功能正常的情況下，黃體期約可持續14 ± 2天，幾乎沒有個體差異。月經週期的日數之所以會有個體差異，是因為每個人從月經來潮到排卵日之間的日數不同。

生理週期（月經）

雌性素與黃體素

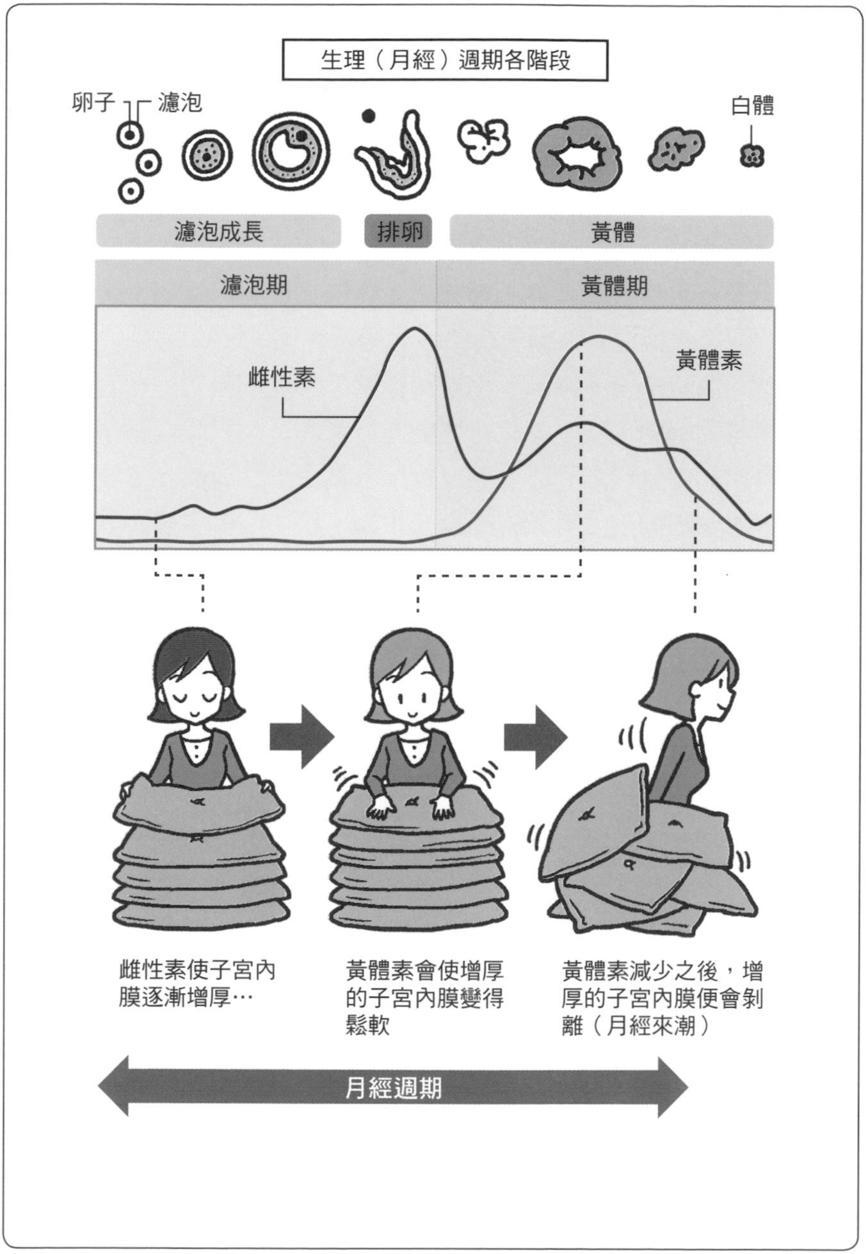

生理（月經）週期各階段

卵子 濾泡

白體

濾泡成長　　　排卵　　　黃體

濾泡期	黃體期

雌性素

黃體素

雌性素使子宮內膜逐漸增厚…

黃體素會使增厚的子宮內膜變得鬆軟

黃體素減少之後，增厚的子宮內膜便會剝離（月經來潮）

月經週期

7 泌尿系統

8 神經系統

9 感覺系統

10 內分泌系統

11 血液、體液、血球

12 生殖系統

185

12-02 男性生殖器與精子形成

使男性製造精子、變得強壯的雄激素

雄性素由**睪丸**分泌。雄性素是一群激素的總稱，其中最具代表性的就是睪固酮。腎上腺皮質也會分泌雄性素（File 55）。雄性素除了可促進**精子**形成，也可增加骨骼與肌肉的強度，使男性體格更為強壯，體毛變得更濃密。此外，雄性素也會增加性慾與性衝動，對於周遭事物的態度變得更為積極，攻擊性也變得更強。

睪丸的**曲細精管**會源源不絕地製造精子。曲細精管內含有許多可分裂出精子的細胞，這些細胞會持續進行減數分裂，生成精子。精子必須靠自己的力量移動到卵子的位置，故精子上長有能在子宮內泳動的尾巴，以及驅動尾巴運動的能量產生器。精子前端含有帶著父親遺傳訊息的細胞核，以及使精子能夠潛入卵子內的酶。在曲細精管生成的精子會往上移動到睪丸上方的副睪，在這裡獲得泳動的能力，成為成熟的精子之後，進入副睪與輸精管內待命。

當身體處於性興奮高潮，副睪與輸精管會收縮，將精子送入尿道。在精子前進的過程中，會與精囊、前列腺（攝護腺）、尿道球腺的分泌物混合成精液，當尿道周圍的肌肉強力收縮，便會產生**射精**反應。

女性的性激素有兩種（雌性素和黃體素），不過男性的性激素只有雄性素一種而已是嗎？

女性的腎上腺皮質也會分泌雄性素喔，我們在 File 55 中曾經提過。

精液路徑與精子結構

睪丸所製造的精子會先儲存在副睪，經輸精管射精

7 泌尿系統

8 神經系統

9 感覺系統

10 內分泌系統

11 血液、體液、血球

12 生殖系統

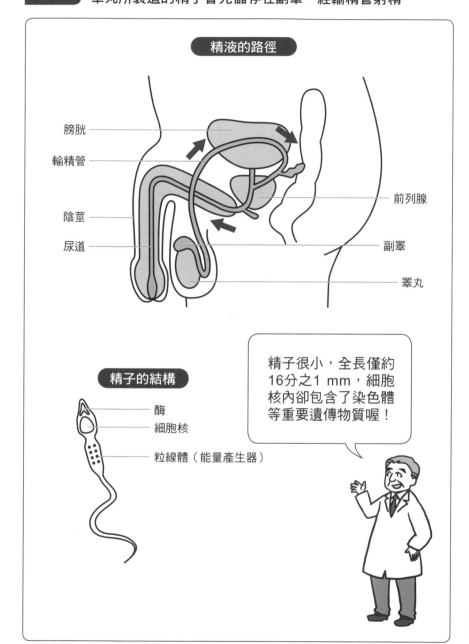

精液的路徑

膀胱
輸精管
陰莖
尿道

前列腺
副睪
睪丸

精子的結構

酶
細胞核
粒線體（能量產生器）

精子很小，全長僅約16分之1 mm，細胞核內卻包含了染色體等重要遺傳物質喔！

12-03 懷孕的形成與過程

競爭激烈的精子賽跑

　　母親的卵子與父親的精子相會時會受精，形成受精卵。受精的位置不是在子宮，而是在輸卵管壺腹。卵子在離開卵巢中的濾泡後，便會被持續擺動的喇叭口抓進輸卵管。卵子不像精子可任意移動，而是藉由輸卵管腔的纖毛擺動，朝子宮方向運送。

　　精子會以卵子為目標，拚命往前泳動。射在陰道內的精子數目是以億為單位計算，不過其中許多精子原本就沒有泳動能力。即使是有泳動能力的精子，有些會在前進的過程中迷失方向，有些會在前進途中用盡力氣，使精子接二連三地脫隊。真正能夠進入輸卵管的只有數百個精子，而能夠抵達卵子周圍的精子更只有數十個。

　　抵達輸卵管壺腹的精子們碰上卵子後會群起而上，用前端的酶溶解卵子周圍的防壁，用力把精子細胞核擠進去。第一個進入卵子的精子細胞核便會與卵子的細胞核合而為一，形成一個受精卵。受精卵形成之後，便會在瞬間張開強力的保護罩，防止其他精子進入。也就是說，只有在這一場競爭相當激烈的賽跑中拔得頭籌的最強精子，才能成功使卵子受精。

　　受精卵形成時，精子會失去原本的尾巴，故受精卵無法自行移動。輸卵管壁上的纖毛擺動，以及輸卵管的蠕動，都可以幫助受精卵在輸卵管內移動，慢慢移向子宮。受精卵在受精的那一瞬間便會開始成長，持續進行細胞分裂，從一個細胞變為兩個，兩個變為四個等，到了受精後的七日左右便會抵達子宮。在這段時間內，雌性素與黃體素已準備好鬆軟的子宮內膜。受精卵一到子宮便會潛入子宮內膜，這就是所謂的**著床**，受精卵著床之後才是懷孕的開始。

7 泌尿系統

8 神經系統

9 感覺系統

10 內分泌系統

11 血液、體液、血球

12 生殖系統

File 66　從受精到著床

誕生新生命之前的激烈競爭

在起跑線上躍躍欲試的精子們！

究竟誰能夠第一個抵達卵子身邊呢…

開門！！

哇

嘿嘿嘿

途中有人迷路、有人用盡了力氣

這真是一場激烈的競爭！

受精

卵子

好耶ー！！

只有極少數的精子可以抵達卵子所在的輸卵管，來到卵子身邊

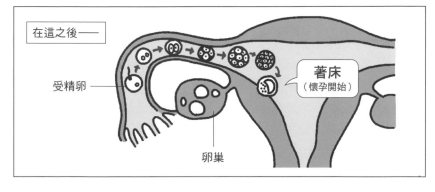

在這之後——

受精卵

著床（懷孕開始）

卵巢

為什麼嬰兒的第一次哭號很重要？

　　精子與卵子形成受精卵之後，受精卵會持續分裂增殖，在母親的子宮內長成胎兒與胎盤。胎兒會持續發育，在受精後280日時分娩。胎兒的發育需要氧氣與各種營養素。胎兒的肺處於塌陷的狀態，因為胎兒浮在名為羊水的液體中，如果吸氣會吸入羊水，所以胎兒沒有呼吸的動作。因此，胎兒需要從母體獲得氧氣。胎兒會藉由臍帶連接胎盤，而胎盤與母親的子宮緊密相連。胎盤內流動的胎兒血液與母親子宮內流動的母親血液，會在不互相混合的情況下，交換各式各樣的物質，氧氣就是其中之一。母親的紅血球流動到胎盤時，紅血球血紅素所攜帶的氧氣，便會移動到胎兒紅血球的血紅素上，胎兒的紅血球再沿著臍帶內的血管流至胎兒體內。

　　接著，富含氧氣的血液會來到胎兒心臟。一般人的心臟血液會先進入肺，交換氣體之後再回到心臟。不過胎兒的血液即使流到肺也沒辦法進行有效的氣體交換，只是浪費時間。事實上，胎兒心臟的右心房與左心房之間有一個孔洞，富含氧氣的血液進入胎兒右心房之後，會跳過肺循環的步驟，直接穿過孔洞來到左心房，然後經由左心室進入主動脈。而其他進入胎兒右心房的血液，在進入右心室後，會被打向肺動脈，進入肺循環。不過，胎兒的肺動脈與主動脈之間有通道，進入肺動脈的血液會有一大部分直接流入主動脈，盡可能不讓血液進入此時毫無用處的肺循環。

　　右心房與左心房之間的孔洞，以及肺動脈與主動脈之間的通道對胎兒來說十分重要，但在出生後、開始正常呼吸時，便會成為沒有用的構造。在空氣進入胎兒肺部的瞬間，這些孔洞與通道會因壓力變小而自動關閉。因此，嬰兒的第一次哭號是非常重要的一件事。

索引

Note

國家圖書館出版品預行編目(CIP)資料

(看圖自學)解剖生理學：從身體結構看功能
與機制 / 林洋監修；陳朕疆譯. -- 初版. -- 新
北市：世茂，2020.03
　面；　公分. --（科學視界；243）

　　ISBN 978-986-5408-16-9（平裝）

1.人體解剖學 2.人體生理學

397　　　　　　　　　　108022263

科學視界243

【看圖自學】解剖生理學——
從身體結構看功能與機制

監　　修／林洋
審　　訂／馮琮涵
譯　　者／陳朕疆
主　　編／楊鈺儀
特約編輯／陳文君
封面設計／LEE
出 版 者／世茂出版有限公司
地　　址／(231)新北市新店區民生路19號5樓
電　　話／(02)2218-3277
傳　　真／(02)2218-3239（訂書專線）、(02)2218-7539
劃撥帳號／19911841
戶　　名／世茂出版有限公司
　　　　　　單次郵購總金額未滿500元（含），請加80元掛號費
世茂網站／www.coolbooks.com.tw
排版製版／辰皓國際出版製作有限公司
印　　刷／傳興彩色印刷有限公司
初版一刷／2020年3月
　　六刷／2023年8月

ＩＳＢＮ／978-986-5408-16-9
定　　價／350元

HAJIME NO IPPO WA E DE MANABU-KAIBOU SEIRIGAKU
BY BeCom
Copyright © 2014 BeCom
Original Japanese edition published by Jiho Inc.
All rights reserved.
Chinese (in Complex character only) translation copyright © 2020 by ShyMau Publishing
Company, an imprint of Shy Mau Publishing Group.
Chinese(in Complex character only) translation rights arranged with Jiho, Inc. through
Bardon-Chinese Media Agency, Taipei.